Abdou Gafari Oceni

Contrôle des écoulements Aérodynamiques

Abdou Gafari Oceni

Contrôle des écoulements Aérodynamiques

Etude des propriétés électriques et mécaniques d'actionneurs plasmas pour le contrôle de couche limite

Presses Académiques Francophones

Impressum / Mentions légales
Bibliografische Information der Deutschen Nationalbibliothek: Die Deutsche Nationalbibliothek verzeichnet diese Publikation in der Deutschen Nationalbibliografie; detaillierte bibliografische Daten sind im Internet über http://dnb.d-nb.de abrufbar.
Alle in diesem Buch genannten Marken und Produktnamen unterliegen warenzeichen-, marken- oder patentrechtlichem Schutz bzw. sind Warenzeichen oder eingetragene Warenzeichen der jeweiligen Inhaber. Die Wiedergabe von Marken, Produktnamen, Gebrauchsnamen, Handelsnamen, Warenbezeichnungen u.s.w. in diesem Werk berechtigt auch ohne besondere Kennzeichnung nicht zu der Annahme, dass solche Namen im Sinne der Warenzeichen- und Markenschutzgesetzgebung als frei zu betrachten wären und daher von jedermann benutzt werden dürften.

Information bibliographique publiée par la Deutsche Nationalbibliothek: La Deutsche Nationalbibliothek inscrit cette publication à la Deutsche Nationalbibliografie; des données bibliographiques détaillées sont disponibles sur internet à l'adresse http://dnb.d-nb.de.
Toutes marques et noms de produits mentionnés dans ce livre demeurent sous la protection des marques, des marques déposées et des brevets, et sont des marques ou des marques déposées de leurs détenteurs respectifs. L'utilisation des marques, noms de produits, noms communs, noms commerciaux, descriptions de produits, etc, même sans qu'ils soient mentionnés de façon particulière dans ce livre ne signifie en aucune façon que ces noms peuvent être utilisés sans restriction à l'égard de la législation pour la protection des marques et des marques déposées et pourraient donc être utilisés par quiconque.

Coverbild / Photo de couverture: www.ingimage.com

Verlag / Editeur:
Presses Académiques Francophones
ist ein Imprint der / est une marque déposée de
OmniScriptum GmbH & Co. KG
Heinrich-Böcking-Str. 6-8, 66121 Saarbrücken, Deutschland / Allemagne
Email: info@presses-academiques.com

Herstellung: siehe letzte Seite /
Impression: voir la dernière page
ISBN: 978-3-8416-3655-3

Copyright / Droit d'auteur © 2015 OmniScriptum GmbH & Co. KG
Alle Rechte vorbehalten. / Tous droits réservés. Saarbrücken 2015

REMERCIEMENTS

Je tiens à remercier très sincèrement Messieurs *Pr. Eric Moreau* et *Christophe Louste* pour avoir consacré beaucoup de leur précieux temps à la lecture de ce travail de recherche au sein du groupe « *Electro-fluidodynamique* » du *Laboratoire d'Etudes Aérodynamiques* (**LEA**) de l'Université de Poitiers. Votre disponibilité, vos remarques pertinentes et constructives, vos bonnes humeurs ont été pour moi très déterminant dans les différentes étapes ayant conduit à la rédaction de ce difficile travail.

Mes remerciements s'adressent aussi au *Pr. Gérard Touchard* pour sa disponibilité permanente et pour mon épanouissement à l'université de Poitiers, particulièrement en « Génie Electrique et Mécanique de Fluides ». Que tout le service Technique du laboratoire LEA, en particuliers MM. *Vincent Huitevert* et *Francis Boissonneau* du service Informatique, reçoivent mes sincères gratitudes pour leur aide lors de l'installation et l'utilisation des différents outils informatique qui m'ont été utiles. Je n'oublie pas *M. Alexandre Laberge* pour son assistance aussi bien lors des expérimentations que pendant le traitement de mes données. Qu'il en soit ici vivement remercié. Par ailleurs, je dois noter les conseils de *Philippe Traoré* et *Thierry Paillat* ainsi que les discussions sur les propriétés électriques des plasmas avec *Pr. Artana Guillermo* m'ont permis de prendre la mesure de la complexité du sujet et de les aborder plus aisément.

Ma présence au sein de l'équipe "*Electro-fluidodynamique*" a été pour moi l'occasion de passer d'agréables moments avec des collègues travaillants sur d'autres thématiques. J'ai une pensée pour *Jérôme Jolibois, Malika Belkhir, Jean Marien Esso, Aminou Akanni Marcel, Mohamed Fall, et Ayale Daher*. Ces moments sont certes courts mais pleins de souvenirs.

Je tiens à remercier mon épouse *Bilikissou SANNI* pour m'avoir encouragé tout au long de mon projet professionnel. Je loue son soutien, son assistance et ses sacrifices. Ce travail est le tien.

Que Messieurs *Augustin KINGBO*, Abdou *Razack Okétokoun*, *Ayouba Adéwalé*, Abdou *Rachidi Roufaï, Souleyman Assani* sachent que je suis sensible à tous les efforts qu'ils ont consentis pour l'aboutissement et la réalisation de ce projet. Qu'ils reçoivent ici toute ma reconnaissance. C'est le lieu de dire que mon installation, mon épanouissement dans la charmante ville de Poitiers sont le fruit de contributions et d'apports divers de *Fataï Osseni*, *Madame et Monsieur EHOUMAN Célestin*, *Madame et Monsieur FAGBEMI Mamoudou*. Merci pour vos soutiens.

Très sincèrement, je remercie mes parents pour m'avoir soutenu par les prières quotidiennes. Puisse Dieu vous récompenser. Que tous mes frères et sœurs ainsi que *Sèmirath Lagnika* trouvent ici l'expression de ma gratitude.

Je ne finirai pas ces remerciements sans une pensée particulière à tous le personnel du Ministère de l'Économie, de l'Innovation et des Exportations (MEIE) du gouvernement du Québec, au Canada. J'ai toujours eu le plaisir d'échanger avec vous.

Dr Abdou Gafari OCENI

DEDICACES

« A mon Epouse et à mes enfants, je dédie ce travail »

INTRODUCTION

Les plasmas non thermiques à pression atmosphérique suscitent des intérêts grandissants particulièrement dans les domaines de l'énergétique, de l'aérodynamique et de l'environnement. Leur intérêt réside dans la présence d'électrons ou d'ions qui peuvent être activés et accélérés en présence d'un champ électrique.

Les plasmas peuvent ainsi être utilisés pour favoriser la combustion de mélange de gaz, traiter des effluents gazeux en vue d'applications de dépollution, ou pour le contrôle des écoulements aérodynamiques.

Depuis 5 ans, le Laboratoire d'Etude Aérodynamique (LEA) de l'Université de Poitiers a orienté ses recherches dans la voie du « **contrôle des écoulements aérodynamiques par actionneur plasma** ». Il est alors question d'exploiter en proche paroi, l'entraînement des molécules de l'air par les ions produits et accélérés par le champ électrique.

Différents systèmes, notamment mécaniques, sont mis au point pour contrôler un écoulement gazeux en proche paroi. Ces contrôles ont pour objectif entre autres, de favoriser le recollement d'une couche limite, la réduction de la traînée, une augmentation du mélange ou une diminution du bruit. Plusieurs types de décharges électriques sont utilisés pour créer le plasma permettant la modification des propriétés du fluide en mouvement : la *décharge couronne de surface* (DCS), *la décharge à barrières diélectriques* (DBD), *et plus récemment la décharge rampante* (sliding discharge) suggérant quant à elle des mécanismes d'actions *non encore identifiées*.

L'objectif de ce travail de recherche est d'entreprendre une étude comparative des propriétés électriques et mécaniques des actionneurs DBD et sliding dans le but de mieux comprendre le rôle joué par les différents plasmas générés, d'analyser leur interaction avec un écoulement en fonction de la vitesse de celui - ci et d'expliquer le mécanisme d'action de la « **sliding discharge** ». Cette étude s'organisera autour de quatre chapitres.

Le premier chapitre sera consacré à une **découverte de l'environnement des plasmas** dans lequel nous présenterons d'une part la théorie des décharges électriques dans les gaz à pression atmosphérique et d'autre part, une synthèse des principaux résultats provenant des différents travaux menés au LEA relatives aux actionneurs électro-aérodynamiques. La dernière partie de ce chapitre sera consacrée à l'étude de la couche limite sur une plaque, son concept et ses grandeurs caractéristiques.

Dans le second chapitre, nous étudierons expérimentalement **les propriétés électriques** des actionneurs DBD et sliding. Les résultats de l'influence de la tension, de l'épaisseur du diélectrique et de la fréquence d'excitation seront présentés et analysés.

Le troisième chapitre sera consacré à l'étude comparative **des propriétés mécaniques** de ces actionneurs. La vitesse de l'écoulement induit est mesurée par un tube de Pitot. L'analyse des profils de vitesse obtenus pourra nous permettre d'expliquer le mécanisme de la sliding.

Dans le quatrième chapitre, nous allons étudier l'influence des décharges sur une couche limite de plaque plane montée sans incidence dans une soufflerie en présence d'un écoulement extérieur. Les mesures des vitesses seront faites par Vélocimétrie par Imagerie de Particules (P. I. V.), après une présentation du dispositif expérimental utilisé.

Enfin, nous concluons notre travail par un rappel des principaux résultats obtenus tout en dégageant leurs intérêts.

Chapitre 1 : A LA DECOUVERTE DU MILIEU

Lorsqu'un milieu isolant est soumis à une tension électrique suffisante, un courant de particules chargées électriquement devient possible par **l'ionisation** partielle du milieu. On parle de **décharge électrique**. Ce phénomène, particulièrement intéressant prend en effet une multiplicité de formes et sa maîtrise est très complexe. Dans ce chapitre consacré à la découverte de l'environnement des plasmas, nous nous intéressons à la décharge dans les gaz à pression atmosphérique .Une première partie sera consacrée à l'étude théorique des décharges dans les gaz. Nous exposerons par la suite les différents types de décharges que nous utilisons comme actionneurs à travers les différentes publications, revues et les études faites au Laboratoire d'Etude Aérodynamique (LEA) où se sont déroulées les expériences faites dans le cadre de ce travail.

1 Décharge électrique à pression atmosphérique

1.1 Décharge dans les gaz

Pour expliquer succinctement le mécanisme d'une décharge électrique, considérions un gaz à une pression **P** compris entre deux électrodes métalliques planes parallèles séparées par une distance **d** (Fig.I 1.). Une tension **V** est appliquée entre les électrodes. Le gaz étant un isolant, on note à l'aide d'un pico ampèremètre, un courant de l'ordre de 10^{-15} A dû aux charges générées par les rayons cosmiques. Pour une valeur de la tension supérieure à une valeur critique V_d dite **tension disruptive**, il apparaît brutalement une intensité de courant dans le circuit et on observe une émission lumineuse. On dit qu'il se produit une **décharge dans le gaz**. Le **phénomène ainsi observé s'interprète comme la traversé du gaz par des électrons accélérés par un champ électrique provenant initialement de la** cathode et qui par un phénomène d'avalanche se multiplie en produisant une ionisation partielle du gaz.

La génération d'une décharge stable est basée sur «l'avalanche électronique».

Si nous considérons un électron soumis à un champ uniforme $E = V/d$, ce dernier est accéléré et peut ioniser les molécules, tel que $A + e^- \rightarrow A^+ + 2e^-$. L'ionisation d'une espèce conduit ainsi à la libération de deux électrons qui vont être accéléré et acquérir à leur tour une énergie suffisante pour ioniser de nouvelles molécules.

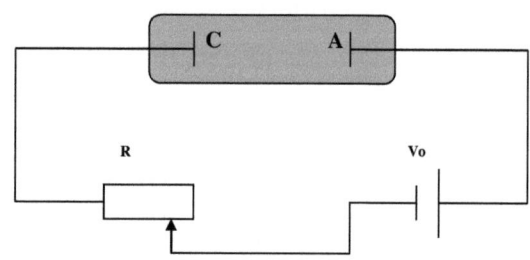

Fig.I 1 : Décharge dans les gaz

1.2 Plasma

Un gaz qui a été soumis à une quantité d'énergie suffisante pour dissocier les électrons de leurs d'atomes est appelé un **plasma**.

Les caractéristiques essentielles des plasmas sont : **la densité électronique, le taux d'ionisation, la température électronique, le libre parcours moyen, et la longueur de Debye.**

On distingue surtout les plasmas par la température du gaz. On parle alors de :

- « plasma chaud » ou plasma haute température (ou plasmas thermiques) qui présentent une température du gaz proche de la température des électrons. Ils sont à l'équilibre thermodynamique local et sont produits par des arcs ou torches de plasmas. Ils mettent en jeu d'importantes énergies.
- « plasmas froids » ou plasmas basse température (ou plasmas non thermiques) qui à l'inverse sont caractérisés par leur état hors équilibre

thermodynamique, indiquant que la température du gaz est proche de la température ambiante. **C'est ce type de plasma que nous étudierons au laboratoire**.

2 Les différents types de décharges

Nous avons présenté dans les paragraphes précédents, les éléments nécessaires à la compréhension des phénomènes de décharge électriques. Nous allons aborder maintenant les grandes familles de décharges dont les principales sont : **les décharges couronne, les décharges à barrières diélectriques (DBD), les décharges rampantes (sliding discharges)**. Après avoir expliqué le mécanisme de chacune de ces décharges, nous ferons le point sur les différents résultats expérimentaux obtenus pour ces actionneurs et une attention particulière sera accordée pour les études menées au LEA.

2.1 La décharge couronne

Elle apparaît entre une pointe et un environnement qui peut être symbolisé par un plan. Lorsque la différence de potentiel entre la pointe et le plan devient élevé alors une zone lumineuse prend naissance près de la pointe et on entend alors des chuintements. C'est ce qu'on appelle **une décharge couronne volumique** (Fig.I 2.). En configuration pointe – plaque, on parle de décharge couronne positive lorsque la pointe est portée à un potentiel positif, la plaque à la terre et d'une décharge couronne négative lorsque la pointe est portée à un potentiel négatif.

Le potentiel nécessaire pour la création d'une décharge couronne dépend du rayon de courbure de la pointe. *Sigmond et Goldman* en 1982 [14] ont montré que dans le cas d'une décharge couronne négative, les ions négatifs créés dans une zone où le champ électrique est faible migrent vers la plaque. Il y aura passage à l'arc lorsque le potentiel dépasse un seuil.

Par ailleurs, si la pointe est portée à un potentiel, **un vent électrique est émis de la pointe chargée électriquement vers la plaque**. L'intensité du vent est d'autant plus grande que le rayon de courbure de la pointe est plus petit. Le vent ionique est d'après l'hypothèse de Faraday le résultat d'un transfert de quantité de mouvement entre les particules chargées et les autres. L'équipe de recherche de GOLDMAN au LPGP montre que la vitesse du vent est proportionnelle à la racine carrée du courant de décharge.

Son expression en fonction du courant de décharge serait de la forme :

$$V = \sqrt{Id/\mu\rho Ag}$$

d est la distance inter-électrode et **Ag** est la section de la décharge couronne. Au LEA, le groupe Electro-fluidodynamique à beaucoup travaillé sur le vent ionique et les principaux résultats obtenus sont les suivants [1] :

- la vitesse maximum du vent ionique (dans l'axe de la pointe) à courant constant est plus importante dans la décharge couronne positive que dans la décharge couronne négative et est proportionnelle à la racine carrée du courant de décharge. Ce dernier résultat confirme celui obtenu précédemment.
- La puissance électrique consommée est proportionnelle à la vitesse du vent ionique au cube quel que soit la distance inter électrode, la polarité et la tension appliquée.

D'autres part, pour mettre en œuvre la décharge couronne de surface (**DCS**) au LEA, une plaque plane est utilisée. Elle est en Plexiglas (PMMA) avec deux électrodes qui sont des fils placés dans les rainures à la surface du diélectrique et distantes de 4 cm (Fig.I 3.). Ce qui a permis d'étudier ses propriétés électriques et mécaniques. Plusieurs paramètres sont explorés : l'humidité de l'air, la fréquence du signal, la pression et de la température du gaz, la vitesse de l'écoulement extérieur, le matériau (épaisseur, nature), la géométrie et la position des électrodes. De plus le contrôle de l'écoulement par décharge couronne (contrôle du décollement, influence de la position ou de l'angle d'un biseau pour le décollement, etc.) et son influence sur la couche limite, figurent en bonne place dans les axes de recherches. La décharge couronne de surface est établie par l'application d'une haute tension continue entre les deux électrodes. Elle est de plus en plus stable au fur et à mesure que la vitesse de l'écoulement extérieur augmente. De plus, la DCS induit un vent ionique d'environ **3m/s** à 1mm de la paroi et son rendement électrique est de l'ordre de 0.1% en statique. En revanche, Ses caractéristiques dépendent très fortement de la géométrie des électrodes, des conditions atmosphériques et de la nature du matériau.

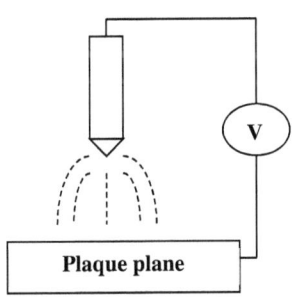

Fig.I 2 : Configuration Pointe - plan

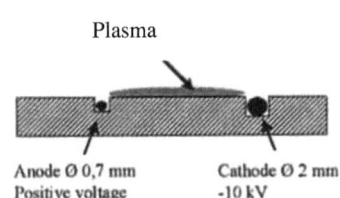

Fig.I 3 : Plaque utilisée pour les expériences de la décharge couronne de surface au LEA

2.2 Décharge à barrière diélectrique (DBD)

La DBD utilise généralement une tension alternative à valeur moyenne nulle. Elle est obtenue par l'insertion d'un matériau diélectrique entre deux électrodes.

L'accumulation des charges à la surface du diélectrique (utilisée comme une barrière) entraîne une chute de potentielle entre les deux électrodes et évite le passage à l'arc. Le diélectrique a pour rôle essentiel d'éviter le passage à l'arc. D'où sa dénomination. Il est important de remarquer que l'utilisation d'une tension alternative est indispensable pour ce type de décharge afin d'éviter que l'accumulation excessive de charges électriques à la surface du diélectrique ne neutralise la décharge.

Initialement mise au point par le Pr. Roth en 1990 [8], de nombreux chercheurs ont essayé de comprendre son mécanisme. Nous pouvons cités entre autres les travaux du Pr. Enloe (2003 – 2004) de l'US Air Force Academy [17], Pr. Shyy et al (2002) de l'Université de Floride, le Pr. Corke de l'université Notre Dame (USA) [15] et depuis plus de 5 ans, le LEA (2003) [1, 6, 16,23]. Les grandeurs électriques caractéristiques et les paramètres étudiées sont par exemple : **la fréquence d'excitation, la distance inter électrodes, la puissance consommée, la nature et l'épaisseur du diélectrique, la forme de l'onde.**

En appliquant un champ alternatif à l'électrode de dessus (celle de dessous étant reliée à la terre), on constate que le comportement du système dépend des paramètres ci-dessus. Il y a donc une alternance de décharges positives et négatives.

Au LEA, la décharge est établie sur une plaque (soit en verre ou en PMMA). Les électrodes sont constituées d'une bande d'aluminium espacée de quelques mm.

Pour le contrôle des écoulements aérodynamiques, Pons [6,23] a utilisé comme actionneur, du verre d'épaisseur 3 mm sur lequel sont fixées des électrodes en bandes d'aluminium d'épaisseur < 0.1 mm, de 20 cm de long et de largeur 1cm (Fig.I 4.). La tension appliquée varie de 10 à 30 kV pour une fréquence comprise entre 0.3 et 1 kHz.

Les résultats de ses expériences montrent que :
- Le courant de décharge est constitué d'une série d'impulsions apparaissant à chaque alternance, s'initiant peu avant l'inversion des polarités de la décharge et s'éteignant après que la tension atteint sa valeur maximale (Fig.I 5.)
- l'actionneur DBD génère un écoulement de quelques m/s pour des fréquences inférieures à 1 kHz et pour des tensions de quelques dizaines de kV. De plus la vitesse de l'écoulement induit augmente avec la tension appliquée et peut atteindre 3 m/s à 0.5 mm de la paroi. Cette vitesse est

maximum en proche paroi comme l'indique le profil de vitesse de la (Fig.I 6) et sa valeur est proportionnelle à la tension maximum.
- Une augmentation de la fréquence entraîne celle de la puissance électrique et de la vitesse maximum.

Entre autre, des résultats des expériences précédentes faites au laboratoire, il ressort que la vitesse maximale croît avec la distance inter électrode et varie très peu avec l'augmentation de la fréquence.

Enfin, une mesure par LDV de la vitesse a permis de conclure que la vitesse n'est pas constante dans le temps et suit la fréquence de la tension sinusoïdale. Ainsi, la DBD n'agit pas de la même façon durant les deux alternances de la tension

Ce qu'il faut retenir, c'est que par rapport à la décharge couronne de surface, la DBD est plus stable. Elle induit un apport de vitesse plus proche de la paroi et sa puissance électrique est deux fois plus importante. Mais n'oublions pas qu'un courant alternatif présente souvent de problèmes de rayonnement électromagnétique.

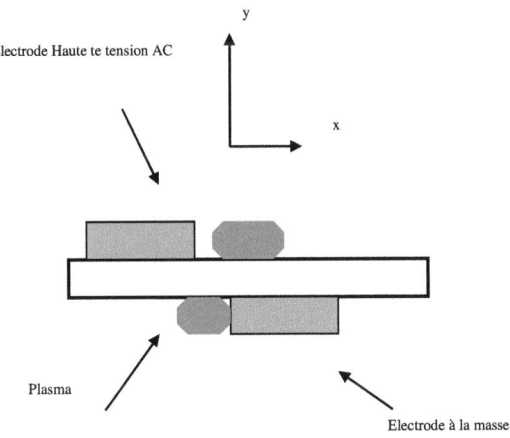

Fig.I 4. : **Plaque en verre utilisée par J. Pons : Expérience DBD – LEA**

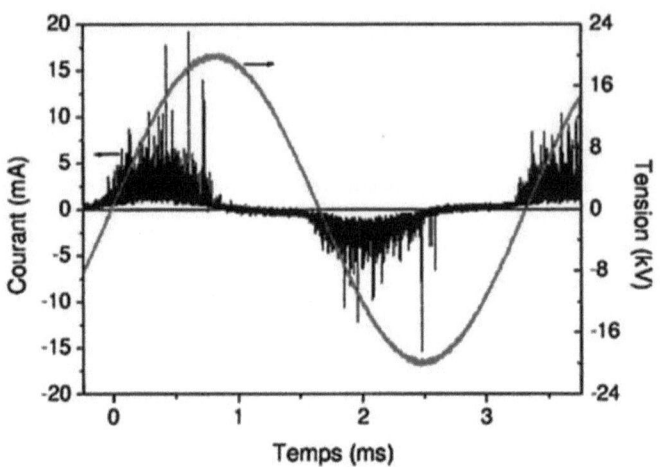

Fig.I 5. : Courant de décharge en fonction du temps

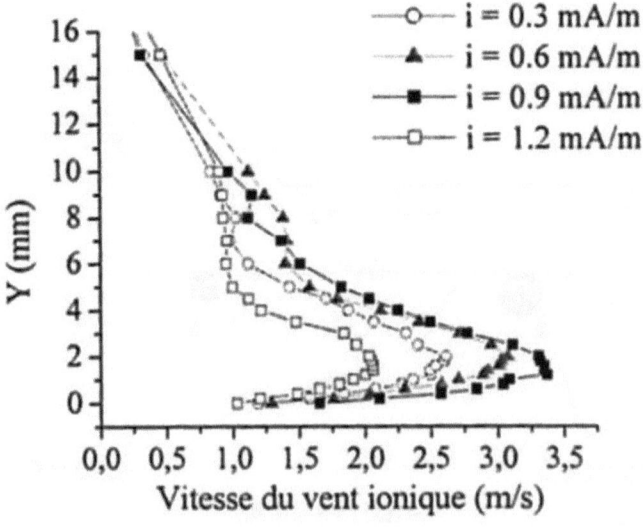

Fig.I 6. : Profils de vitesse. Vitesse max en fonction du courant

2.3 Sliding discharge « Décharges rampantes »

Cette forme de décharge est moins connue par rapport aux précédentes. Utilisée initialement par les plasmiciens, cette décharge est caractérisée **principalement par sa stabilité.** Elle exploite les avantages des deux décharges couronne et DBD.

Le principe de cette décharge consiste à appliquer sur un diélectrique des électrodes sur les faces inférieure et supérieure. On dispose comme le montre la (Fig.I 7.) de deux électrodes au-dessus du diélectrique dont l'une est soumise à une tension continue ou pulsée et l'autre à une tension alternative tandis que l'électrode de dessous est reliée à la terre ou à une tension sinusoïdale.

Le mécanisme de cette décharge est très moins connu et les raisons de sa stabilité sont encore à l'ordre du jour.

Pour Tsikrikas et al [20] en 1996, le diélectrique se polarise et il y a accumulation de charges à la surface de l'isolant. Ceci entraîne un champ électrique perpendiculaire au plasma, qui limite la diffusion des électrons vers le gaz le rendant ainsi plus stable

En revanche pour Arad et al en 1987 [22], c'est une décharge à 3 électrodes. La contre électrode placée en dessus a pour effet de repulser les électrons vers le gaz environnant et par conséquent le plasma sera moins confiné. Donc sa section augmente et la densité de courant diminue. Cette situation entraîne automatiquement la limitation des filaments indésirables, **donc le passage à l'arc.**

Il est aussi intéressant de comprendre que la sliding étant une combinaison des décharges couronne de surface et DBD, cumule les avantages de ces actionneurs.

La stabilité de la sliding par rapport à la DBD semble alors être l'effet de la décharge couronne. **Au LEA, notre équipe vient d'initier les travaux sur cette décharge, bien qu'aucun laboratoire n'ait pu réaliser ces études.**

En ce qui concerne le courant de décharge, il apparaît que le pic de sliding apparaît toujours une alternance sur deux et se superpose aux pics de la DBD comme le montre la (Fig.I 8).

Notre travail consistera à étudier ses propriétés électriques et mécaniques afin de mieux cerner le mécanisme de cette décharge. C'est ce que nous allons tenter de faire dans les prochains chapitres.

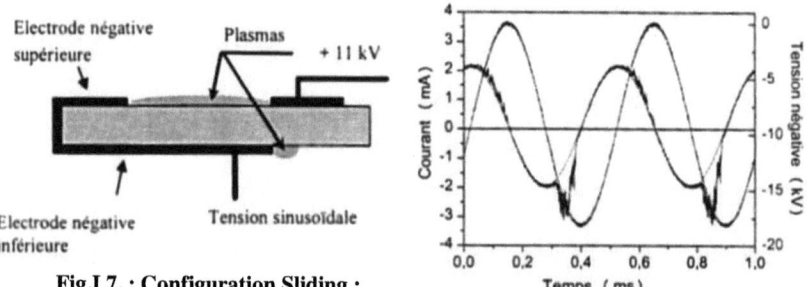

Fig.I 7. : Configuration Sliding : LEA

Fig.I 8. : Courant de décharge en fonction du temps

3 Etude de la couche limite

Dans ce premier chapitre, nous avons initialement expliqué ce qu'est une décharge électrique, puis le mécanisme des actionneurs DCS, DBD et sliding. Dans les lignes qui suivent, nous nous intéressons à la compréhension théorique de la couche limite.

Cette étude sera divisée en deux parties: la couche limite laminaire et turbulente et l'influence des décharges sur la couche limite.

Dans la partie relative à la couche limite laminaire et turbulente, nous allons développer son concept et énumérer ses grandeurs caractéristiques. Enfin la dernière partie relative à l'influence des décharges sur la couche limite sera une brève introduction sur l'Electro-fluidodynamique.

3.1 Couche limite laminaire et turbulente

3.1.1 Concept de la couche limite

La présence d'un obstacle fixe dans un écoulement de fluide visqueux, se traduit pour le milieu en mouvement par **un déficit de quantité de mouvement.** Pour la plupart des écoulements autour d'un obstacle, le transfert de la quantité de mouvement s'effectue par l'intermédiaire des forces de pression et des contraintes visqueuses. L'observation expérimentale montre que le champ d'écoulement est divisé en deux régions :

- une zone adjacente aux surfaces solides et dans laquelle les forces de viscosité jouent un rôle important
- un domaine extérieur dans lequel le fluide en mouvement peut être considéré comme dénué de viscosité.

La région pariétale où se manifeste l'influence de la viscosité du fluide à grand nombre de Reynolds est appelée **couche limite dynamique** (Fig.I 9.).
Il est fondamental de remarquer que **la couche limite s'établie au voisinage immédiat de l'obstacle**, la vitesse dans cette région varie rapidement. Cette variation s'effectue sur une distance faible égale à **l'épaisseur de la couche limite**. Dans le domaine extérieur, le gradient transversal de la vitesse est faible et la vitesse est considérée comme étant la vitesse à l'infini.
Ce concept de couche limite introduite par Prandtl en 1904 joue un rôle très important dans la simplification de l'analyse des problèmes des écoulements en mécanique des fluides [4].

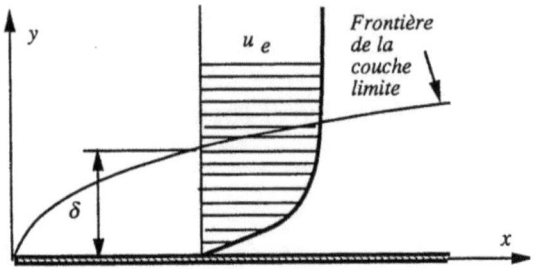

Fig.I 9. : Couche limite

3.1.2 Grandeurs caractéristiques

3.1.2.1 Epaisseur de la couche limite δ

Elle définit la dimension transversale de la couche limite. Dans une section donnée, cette épaisseur correspond à l'ordonnée du point où la vitesse axiale atteint 99% de sa valeur dans la région externe. Si U_e est la vitesse à l'infini et u la vitesse dans la couche limite, on a la relation $\frac{u}{U_e} = 0.99$ dans chaque position.

3.1.2.2 Epaisseur de déplacement δ*

Elle correspond au déficit de débit masse avec l'apparition de l'obstacle, donc de la couche limite.
Si on considère le débit masse du fluide, tout se passe comme si l'obstacle s'est déplacée d'une épaisseur de δ* avec :

$$\delta^* = \int_0^\delta (1 - \frac{\rho u}{\rho U_e}) dy \quad \text{ρ étant la densité du fluide}$$

3.1.2.3 Epaisseur de la quantité de mouvement θ

L'épaisseur de la quantité de mouvement correspond au déficit de la quantité de mouvement à l'intérieur de la couche limite :

$$\theta = \int_0^\delta \frac{\rho u}{\rho e U e}(1 - \frac{u}{Ue})dy$$

3.1.2.4 Facteur de forme H

Il caractérise la forme du profil de vitesse à l'intérieur de la couche limite. Cette grandeur prend des valeurs différentes selon la nature laminaire ou turbulente de l'écoulement passant du double au simple (2.6 à 1.3) pour un écoulement sur plaque plane. Il est aussi influencé par le gradient longitudinal de pression et permet de caractériser l'apparition du décollement en présence de gradient de pression adverse [5]. Son expression est :

$$H = \delta * / \theta$$

3.2 Influence de la décharge sur la couche limite

Afin de modifier les caractéristiques d'une couche limite, plusieurs techniques sont auparavant utilisées : aspiration, chauffage et refroidissement, parois mobiles, soufflage etc. En parallèle, l'actionneur électro-fluidodynamique a été mis au point et l'objectif est d'apporter une quantité de mouvement par le biais d'un vent ionique crée par une décharge électrique (Fig.I 10). L'avantage de cet actionneur est l'absence d'une partie mécanique (suppression des différentes vibrations, des complications techniques), son contrôle purement électrique permettant de varier les paramètres électriques (amplitudes, fréquences courants etc...) pour son optimisation. Globalement le système est constitué d'un diélectrique et des électrodes fixes entre lesquelles on applique une différence de potentielle. Plusieurs configurations sont possibles : décharge couronne, DBD ou sliding. Il s'agit ici de convertir l'énergie électrique en énergie cinétique sans pièce mobile et sans apport de masse.

Luc Léger dans sa thèse doctorat [2] a étudié l'effet de la décharge couronne sur une couche limite de plaque plane montée dans une soufflerie à recirculation (Fig.I 11). De ses résultats de l'application de la décharge sur la couche limite, on déduit que l'analyse de l'écoulement induit par la décharge a montré que plus le courant de décharge augmente, plus l'apport en quantité de mouvement dans la couche limite est important en proche paroi. Cet apport peut atteindre jusqu'à 2.75m/s à 2 mm de la paroi pour un courant de 1.47mA/m. D'autre part, les augmentations de vitesses de l'écoulement entraînent une diminution de l'épaisseur de la couche limite. Celle-ci serait réduite respectivement de 62%, 26%, et 7.4% pour un écoulement de 5m/s, 10m/s et 20m/s.

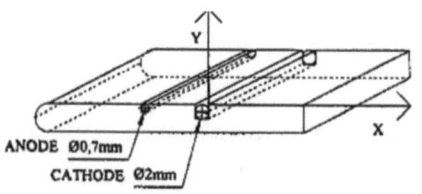

Fig.I 10. : **Plaque utilisée par Luc Léger pour la DCS : LEA**

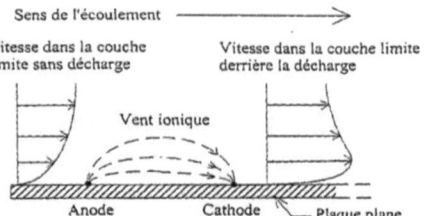

Fig.I 11. : **Principe actionneur Electrohydrodynamique (EHD)**

4 Conclusion

Dans cette étude de découverte, nous avons tenté de comprendre les décharges dans les gaz. Concernant les actionneurs, nous avons expliqué leur mécanisme et présenté les différents résultats obtenus lors de leur mise en œuvre. Bien évidemment, tous ces actionneurs génèrent en proche paroi un vent ionique. Ceci est important car on peut exploiter ce principe pour des applications de contrôle des écoulements.

On note cependant que la décharge couronne de surface est difficile à stabiliser dans l'air car ses caractéristiques dépendent très fortement des conditions atmosphériques. Ce qui n'est pas le cas de la DBD dont la puissance moyenne est deux fois supérieure à celle de la DCS et qui induit un écoulement plus proche de la paroi.

La sliding quant à elle combine les avantages de la décharge couronne de surface et de la DBD. Il semble que sa meilleure stabilité et son homogénéité par rapport à la DBD est due notamment à la D.C.S.

Cette décharge est très complexe et il nous appartient dans les chapitres suivants de réaliser une étude comparative des ses propriétés électriques et mécaniques avec la DBD dans le but de mieux comprendre son mécanisme.

Chapitre 2 : PROPRIETES ELECTRIQUES DES ACTIONNEURS DBD & SLIDING

L'objectif de cette partie est de déterminer les *configurations électriques intéressantes* pour une étude comparative de l'effet mécanique des décharges DBD et Sliding sur plaque plane. Elle sera répartie en trois rubriques : présentation du dispositif expérimental et des expériences réalisées, explication du protocole expérimental puis enfin analyse des résultats.

1 Dispositif expérimental pour les mesures électriques

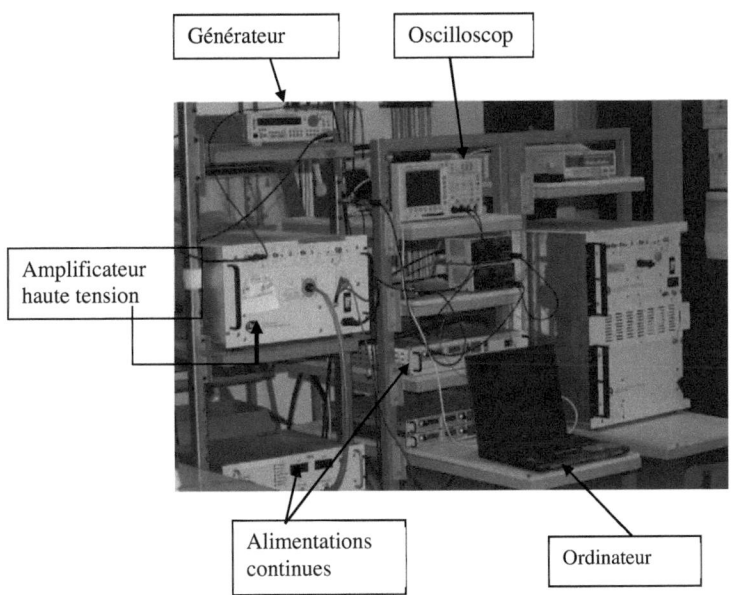

Fig.II 1. :   Dispositif expérimental

Le dispositif expérimental utilisé et présenté sur la Fig.II 1. a été utilisé pour les mesures de courant aussi bien pour la DBD que pour la sliding. Il est essentiellement constitué de :

- **Deux alimentations DEL**, l'une positive, l'autre négative pouvant délivrer une tension maximale de +40KV (3.75 mA) pour la positive, une tension négative maximale de - 40KV (3.75 mA) pour la négative. Ces alimentations délivrent une tension continue (HT) avec une précision de 100V, une puissance maximale de 150W.
- **Un amplificateur de tension et courant alternatif TREK** délivrant une tension sinusoïdale d'amplitude ± 20 KV. Sa précision est de 100 V temps de monté 400V/μs.
- **Un générateur GBF basse fréquence** réglable en fréquence, amplitude, offset. Il génère la tension sinusoïdale souhaitée.
- **Un oscilloscope numérique**
- **Un capteur de courant ACCT BERGOZ** permettant de mesurer la valeur instantanée du courant de décharge. Sa précision est de l'ordre de 3μA. Ce capteur est un transformateur de courant, de forme toroïdale. Il est placé comme le montre la Fig.II 2. Il permet de mesurer le courant jusqu'à 10mA. Avec une bande passante de 300KHz, il fournit une tension proportionnelle à la composante alternative du courant mesuré avec une précision de 0.5V/mA. Malheureusement, ce capteur inductif filtre la composante continue du signal. Il ne permet pas de mesurer la valeur moyenne du courant.

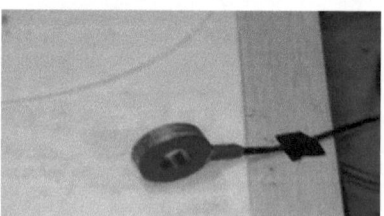

Fig.II 2. : Photographie **Capteur de courant BERGOZ**

- **Deux plaques isolantes en plexiglas ou PMMA** (Fig.II 3.) sur lesquelles sont appliquées des électrodes. Ces électrodes conductrices sont en

aluminium d'épaisseur de 0.070 mm, de longueur l = **195 mm** (pour les deux plaques) et distantes de **40mm**.
Les plaques ont pour épaisseur **6 mm (plaque 1)** et **4 mm (plaque 2)**. La Fig.II 3 présente les différentes plaques utilisées.

2 Protocole Expérimental

Pour toutes les expériences, les plaques sont placées sur un support isolant (Téflon) afin d'éviter les fuites de courant. De plus, les connectiques sont parfaitement isolées et tous les appareils sont reliés à la terre.
Nous nous intéressons à la mesure du courant de décharge de la DBD et de la Sliding. Dans un premier temps, nous avons utilisé la **plaque 1** d'épaisseur 6mm et ensuite la plaque d'épaisseur 4mm (**plaque 2**)

2.1 Actionneur Sliding

L'actionneur « sliding discharge » est une configuration à 3 électrodes, 2 électrodes collées au-dessus de l'isolant (**Electrode supérieure AC et Electrode supérieure DC**) et une en dessous (**Electrode inférieure DC**)
En appliquant une différence de potentiel entre les électrodes, on crée entre les électrodes une décharge électrique sur la surface supérieure de l'isolant.
Dans le cas de l'actionneur sliding, une **haute tension alternative AC** est appliquée à l'électrode supérieure AC et une tension continue est appliquée simultanément sur les deux autres électrodes (**Electrode supérieure DC et Electrode inférieure DC**) (Fig.II 3.).
Pour chacune des configurations électriques étudiées, les courants sont mesurés par le capteur BERGOZ et enregistrés à l'aide d'un ordinateur branché sur l'oscilloscope numérique qui donne la visualisation des courants et des tensions.

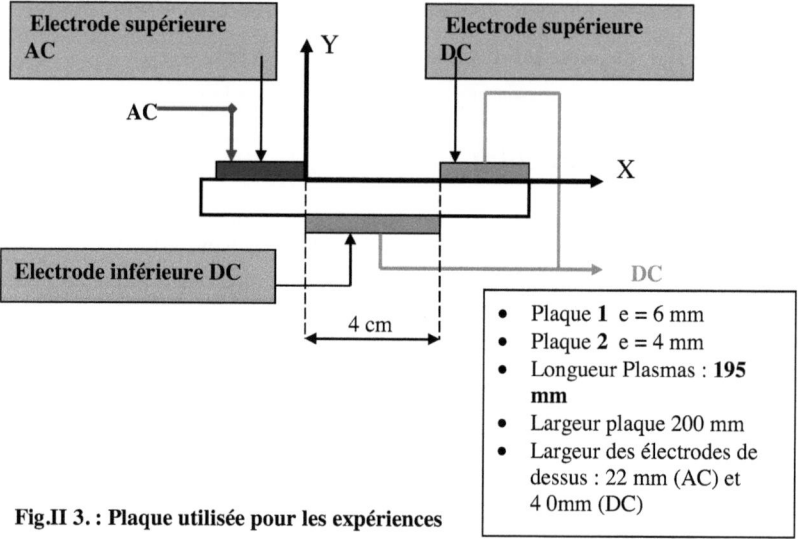

Fig.II 3. : Plaque utilisée pour les expériences

- Plaque **1** e = 6 mm
- Plaque **2** e = 4 mm
- Longueur Plasmas : **195 mm**
- Largeur plaque 200 mm
- Largeur des électrodes de dessus : 22 mm (AC) et 4 0mm (DC)

2.2 Actionneur DBD

Le même protocole expérimental est utilisé ici. Le dispositif est cependant plus simple car il ne comporte que deux électrodes. L'électrode supérieure DC a été enlevée. La **tension alternative AC** est toujours appliquée à l'électrode supérieure AC tandis que l'électrode inférieure DC **est reliée à la masse**.

2.3 Bilan expérimental

Nous avons testés **37** configurations électriques intéressantes pour une future étude mécanique (**tableau 1 en Annexe 4**), avec les valeurs moyennes des courants mesurées. Chaque configuration est symbolisée par **sin (u, v) w fα e ß avec :**

- **sin (u, v)** représentant la tension sinusoïdale appliquée, u et v étant les valeurs de la tension crête à crête en kV.
- **w** désignant la tension continue appliquée en kV.

- **f** est la fréquence du signal de valeur α en kHz.
- **e** représente l'épaisseur du diélectrique de valeur ß en mm.

Pendant ces expériences plusieurs observations ont été faites. On fera part de ces différentes observations au fur et à mesure que les résultats seront présentés et analysés.

3 Observations expérimentales, Résultats et discussions

Dans cette partie, nous exposons quelques résultats concernant les propriétés électriques du système de décharge (Actionneur DBD et sliding) étudiés pendant nos expériences.

Initialement et pour chacun des actionneurs, une étude de leur comportement face à une variation de la tension, de la fréquence du signal AC et de l'épaisseur du diélectrique sera présentée. Ensuite nous allons comparer leurs propriétés électriques en faisant remarquer en cas de nécessité les observations expérimentales faites.

3.1 Actionneur DBD

La décharge est établie à la surface de la plaque. L'électrode inférieure DC est reliée à la masse et sur celle de dessus (Electrode supérieure AC) est appliquée une tension alternative d'amplitude variable et de fréquence 1 ou 2 kHz.

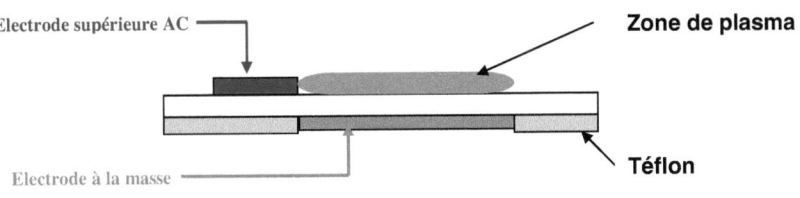

Fig.II 4. : Configuration DBD

❖ Etude de cas

- On applique une tension sinusoïdale variant entre -16 et +14 kV sur l'électrode supérieure AC.
- L'électrode inférieure DC est reliée à la masse.
- Le courant est mesuré à l'aide du capteur de courant Bergoz.

Un plasma se forme sur la face supérieure de la plaque. Ce plasma est bien homogène, et bleuté comme le montre la photographie de la Fig.II 5. Sa largeur est d'environ 6 mm et est en contact avec l'électrode. Très lumineux et violet au voisinage de l'électrode, il devient bleu lorsqu'on s'en éloigne (Fig.II 4 et II 5).

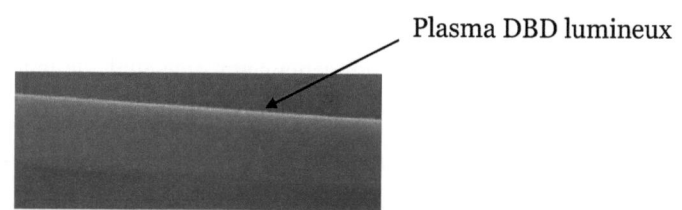

Fig.II 5. : Photographie du plasma DBD (vue du dessus)

Des travaux réalisés précédemment au sein du laboratoire LEA ont montré qu'un plasma identique est habituellement généré en dessous de la plaque. Cependant, nous l'avons limité en écrasant l'électrode inférieure DC sur un large support isolant en téflon et aucun plasma ne semblait visible en dessous.

Le courant mesuré est présenté sur la Fig.II 6. Ce courant comporte une composante capacitive sinusoïdale déphasée de $\Pi/2$ par rapport à la tension. Le courant capacitif est dû notamment à la géométrie du dispositif. Les 2 électrodes métalliques séparées par la plaque isolante forment en effet une capacité. Mais il est également dû aux connectiques (câble haute tension par exemple). Ce courant n'étant pas créé par la décharge il ne nous intéresse pas directement il sera donc par la suite systématiquement supprimé.

En supprimant la composante capacitive du signal, on obtient la courbe présentée sur la Fig.II 7. Cette courbe est constituée de plusieurs séries de micros pics de courant très rapprochés séparés par période de courant nul.

Ici encore des études réalisées précédemment ont montré que chaque pic correspond en fait à une micro décharge. Les instants riches en pics de courant sont en fait les instants pendant lesquels la décharge est allumée, la décharge s'allumant à chaque demi-période.

On remarque que la décharge s'allume un peu avant l'inversion des polarités et s'éteint dès que la tension atteint sa valeur maximale.

Nous avons alors procédé à une série d'expériences pour déterminer quels sont les paramètres électriques de la décharge :

    - Conditions d'allumage et d'extinction de la décharge

    - Influence de la tension

    - Influence de la fréquence sur la décharge

    - Influence de l'épaisseur de l'isolant sur la décharge

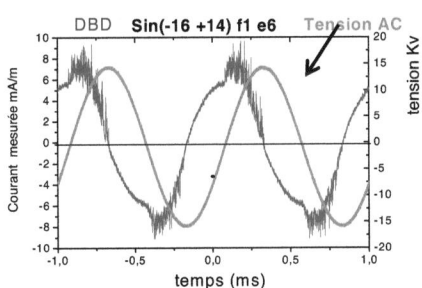

Fig.II 6. : Courant mesuré mA/m   Fig.II 7. : Courant de décharge mA /m

3.1.1 Conditions d'allumage

Les remarques faites précédemment peuvent s'étendre à l'ensemble des cas étudiés. On remarque que la DBD s'allume lorsque la tension change de signe et s'éteint dès que celle-ci atteint sa valeur maximale et ce pour toutes les configurations électriques étudiées (voir tableau 1 annexe 4). Ces résultats confirment ceux présentés dans [1].

3.1.2 Influence de la variation de la tension

Les courbes de courant de décharge de la DBD présentées sur la Fig.II 8 et ceux de **l'annexe 1 (cas 1 à cas 6)** montrent les différentes variations de la tension crête à crête de la configuration **sin (0 +18) f1 e6** à **sin (-10 +18) f1 e6**. Les remarques suivantes sont perceptibles à partir de l'observation des courbes :

- **L'amplitude des pics de courant de la DBD augmente avec la valeur crête à crête de la tension. Elle passe de 2.5 mA/m pour sin (0 +18) à 5.2 mA/m dans le cas sin (-10 +18)**
- **La DBD s'allume toujours lors de l'inversion des polarités et elle s'éteint à son passage par la tension maximale.**

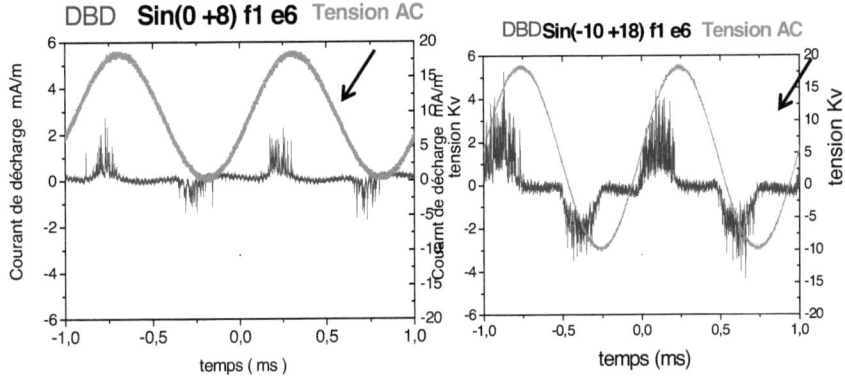

Fig.II 8. : Influence de la tension : cas DBD

3.1.3 Influence de l'épaisseur du diélectrique

En analysant les expériences effectuées sur les plaques d'épaisseur 4mm et 6mm, nous avons étudié l'influence de l'épaisseur du diélectrique sur le courant de la DBD. Nous constatons que (Fig.II 9.) :

- Les tensions d'allumage et d'extinction sont presque les mêmes.
- La diminution de l'épaisseur du diélectrique se traduit par des pics de courant de plus grande amplitude.

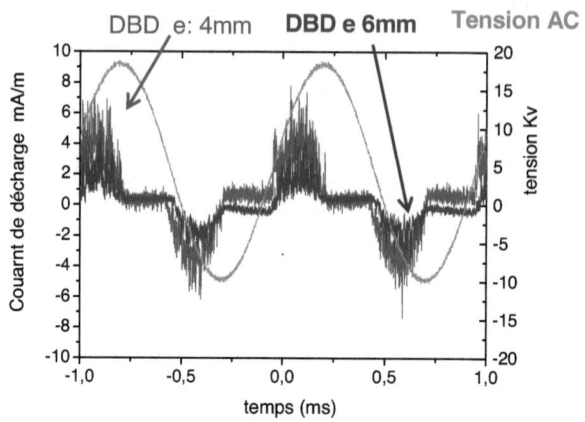

Fig.II 9. : Influence de l'épaisseur : cas DBD

3.1.4 Influence de la fréquence

La Fig.II.10 présente la superposition des courants à 1 kHz et 2 kHz sur une plaque d'épaisseur 4mm pour une tension AC sinusoïdale de -14kV à +16kV. Pour plus de lisibilité, la comparaison est présentée sur 2 périodes.

- Il semble que la fréquence n'a pas d'influence sur le potentiel d'allumage ni sur le potentiel d'extinction de la décharge.
- Les pics de courant ont une amplitude plus importante à 2 kHz qu'a 1 kHz

La fréquence a donc une nette influence sur l'amplitude du courant de décharge.

En somme :

- Si la tension crête à crête du signal est supérieure à une valeur **seuil de 8kV** dans le cas de la plaque épaisseur 6mm, alors la décharge s'allume quand le potentiel atteint un écart de 4kV par rapport à la moyenne et s'éteint dès que la tension atteint son extremum.
- L'amplitude des pics de courant croît quand la fréquence du signal augmente mais aussi quand l'épaisseur du diélectrique diminue.

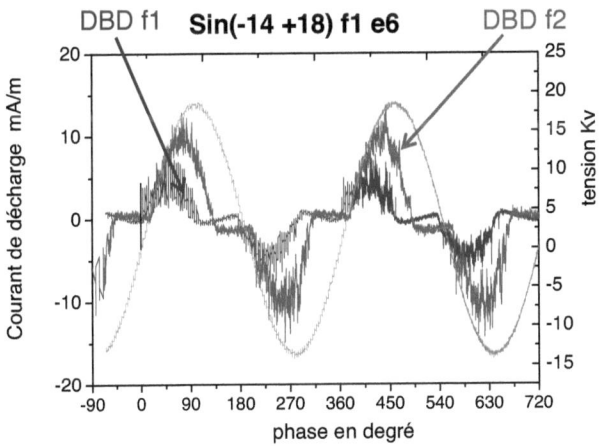

Fig.II 10. : Influence de la fréquence : cas DBD

3.2 Sliding discharges ou décharge rampante.

Après avoir présenté les résultats obtenus sur la DBD, voyons ce qui se passe au niveau de la sliding. Comme dans le cas précédent nous allons analyser les résultats et apprécier son comportement par rapport aux mêmes paramètres. Mais notons au passage que le mécanisme de la sliding est très complexe.

Expérimentalement, nous avons observé que cette décharge est homogène et plus stable que la DBD (pour laquelle on observe des streamers), comme le montre la photographie de la Fig.II 11. Par ailleurs de par sa configuration géométrique représentée sur la Fig.II 3, c'est un actionneur **à 3 électrodes** [21] : deux électrodes au-dessus du diélectrique et un en dessous. L'une des questions que nous nous posons (en dehors de sa propriété électrique que nous sommes entrain d'étudier) est de savoir si cette décharge à des propriétés mécaniques intéressantes par rapport à la DBD. Le Chapitre 3 de ce travail tentera d'y apporter des éléments de réponse.

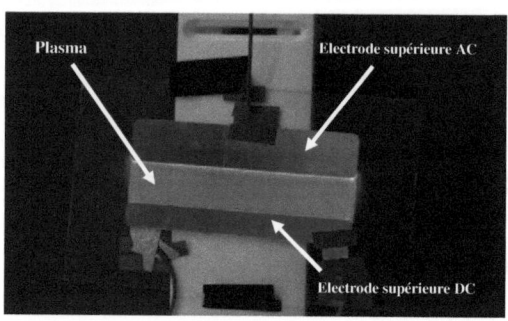

Fig.II 11. : Photographie du plasma lors de l'expérience sur la sliding. (Vue de dessus)

❖ Etude de cas

Appliquons :
- une tension sinusoïdale variant de -14 kV a +18 kV de valeur moyenne + 2 kV sur l'électrode supérieure AC
- une tension continue de -16 kV sur les autres.

La décharge obtenue se présente sous la forme d'un plasma lumineux emplissant tout l'espace inter- électrode (surface plasmagène de 40x195 mm, voir photo Fig.II 11).
Le courant de la décharge, mesuré par le capteur Bergoz, est présenté Fig.II.12 a.
Le courant relevé présente une importante composante capacitive. Cette composante capacitive déjà observée dans le cas de la DBD est liée à la structure du dispositif et ne nous intéresse pas directement. La Fig.II 12b présente l'évolution temporelle du courant débarrassé de la composante capacitive.

Nous constatons que les courbes sont très proches de celles obtenues avec la DBD. Il y a présence d'une composante alternative et répétée de séries de pics de courant. Par ailleurs on voit nettement qu'il existe aussi un important un pic de courant qui n'apparaît que sur l'alternance positive et qui n'était pas présent dans le cas de la DBD. **Ce pic signale quant à lui la présence d'une décharge de type sliding.** Cette affirmation peut être aisément vérifiée si on compare le courant obtenu dans ce cas avec celui acquis dans les mêmes conditions électriques mais dans une configuration à 2 électrodes (Fig.II 12 c). Les séries de petits pics étant les mêmes dans les 2 cas, Il y a bien présence de DBD dans les deux configurations.

Nous remarquons que la sliding apparaît toujours à une alternance sur deux (alternance positive). La décharge s'allume quand la tension de crête atteint une valeur que nous appellerons **potentiel de surface** et calculée en prenant la valeur de la tension AC à laquelle on soustrait la valeur du potentiel DC (max sinus - DC). Ici la sliding s'allumera quand la tension AC est de 8 kV, la tension DC étant de -16kV c'est-à-dire **pour un potentiel de surface** de [(+8)-(-16)]= **24 kV.**

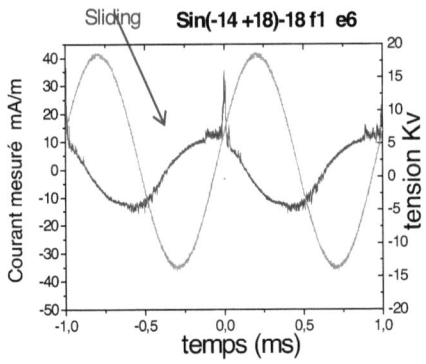
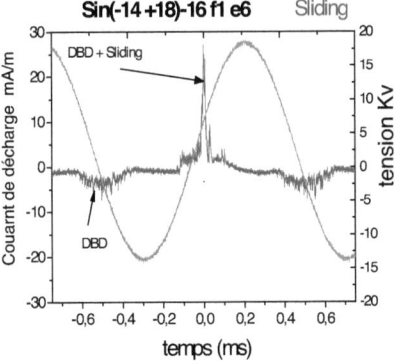

Fig.II 12 a : Courant mesuré en fonction du temps

Fig.II1 2 b : Courant de décharge

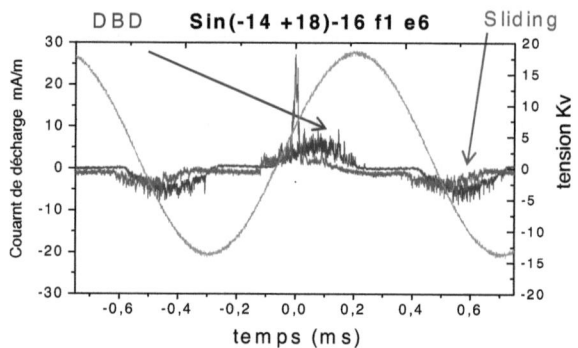

Fig.II 12 c : Superposition courant de décharges DBD et Sliding

3.2.1 Conditions d'allumage

Expérimentalement et pour toutes les configurations électriques étudiées, **il faut avoir une tension de surface de plus de 24 kV pour allumer la sliding.**
De plus, le pic de courant de la sliding est toujours obtenu avant la tension maximale. Les résultats présentés en annexe1 (cas 7 à 12) confirment cette hypothèse.

3.2.2 Influence de la variation de la tension

Dans cette partie, nous allons partir d'une configuration où la sliding ne s'allume pratiquement pas ou peu, et augmenter progressivement la tension entre les électrodes de surface.

Considérons la configuration où la tension sinusoïdale appliquée varie de -16kV à + 7.5 kV de valeur moyenne - 4.25 kV et la tension continue est de -16kV.
La différence de potentiel de surface varie de 0kV à 23.5 kV.

La variation du courant de décharge en fonction du temps est présentée (Fig.II.13- a) et montre clairement qu'il n'y a pas de pic de courant de la sliding. Donc la sliding ne s'est pratiquement pas allumée. Ceci est confirmé visuellement par l'absence de plasma dans l'espace inter électrode. Par ailleurs, on voit très bien la présence d'une DBD.

Si on augmente le potentiel sinusoïdal à -16kV à +8 kV la différence de potentiel de surface atteint 24kV, la sliding commence alors à s'allumer (Fig.II.13-b). Cette illustration nous permet de confirmer notre hypothèse expérimentale sur la valeur de la tension minimale pour allumer la sliding.

En regardant de plus sur les différentes courbes de la Fig.II 14, celles des annexe 1 (**cas 7 à cas 12**) et annexe 2 (**cas 19 à cas 23**), on peut faire les constats suivants :

- Le potentiel de surface pour allumer la sliding est de l'ordre de 24 kV.
  On peut donc déplacer le pic de sliding dans une période en déterminant à quel instant la tension de surface atteint 24kV
- Si le potentiel de surface augmente, le pic de sliding devient plus important.
- **La sliding s'allume plus tôt avec l'augmentation de la tension.**

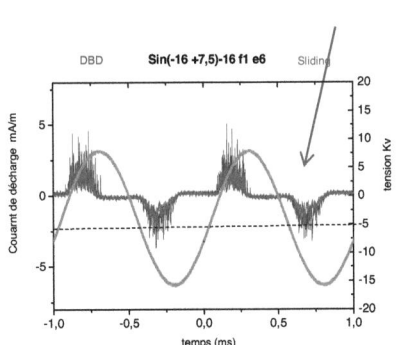
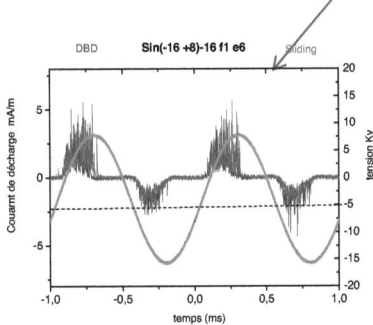

Fig.II 13 a : Pas de pic de la Sliding   Fig.II 13 b : Allumage de la Sliding

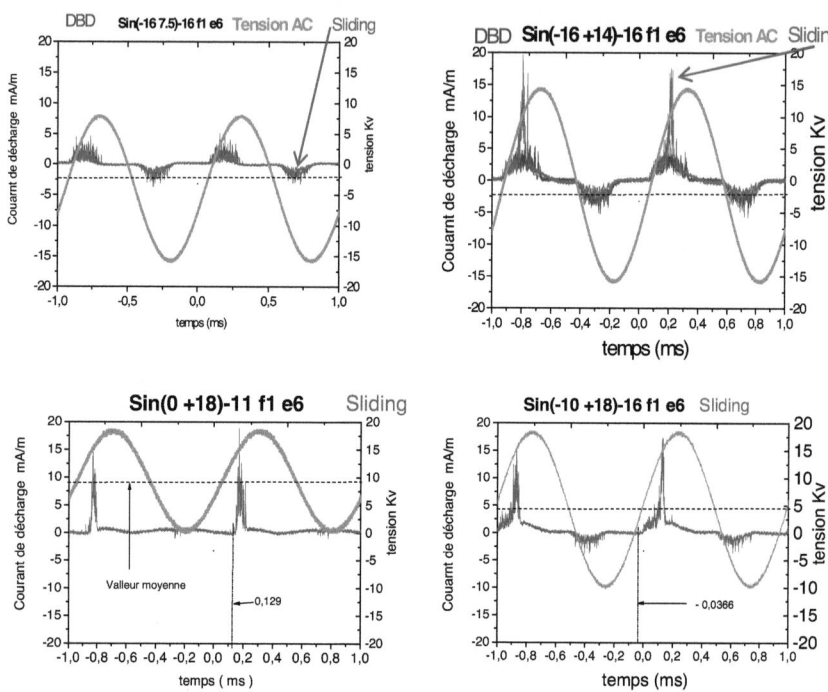

Fig. II 14 : Influence de la tension : présentation de cas illustratifs

3.2.3 Influence de l'épaisseur du diélectrique et de la fréquence du signal

Nous présentons dans les lignes qui suivent, les résultats obtenus lorsqu'on modifie l'épaisseur du diélectrique et la fréquence de la tension sinusoïdale.

Les expériences effectuées sur les plaques d'épaisseur 4 mm et 6 mm ont conduit aux observations suivantes (voir Fig.II.15 a) :

- **L'augmentation de l'épaisseur du diélectrique diminue l'amplitude du pic de courant de la sliding.**

- **Le pic de courant de la sliding apparaît plus tôt avec la diminution de l'épaisseur du diélectrique.**

En ce qui concerne l'influence de la fréquence, la Fig.II.15 b montre la superposition des courants à 1 kHz et 2 kHz sur une plaque d'épaisseur 6 mm pour une tension AC sinusoïdale de -14kV à +18kV, présentée sur 2 périodes pour une meilleure clarté d'interprétation.

En analysant ces courbes (Fig.II.15 b) :

- La fréquence n'a pas réellement d'influence sur la tension d'allumage et d'extinction du pic de courant de la sliding
- L'amplitude du pic de courant de la sliding varie très peu avec l'augmentation de la fréquence.

On peut donc dire que la fréquence n'a pas trop d'influence sur le pic de courant de la sliding

En somme :

Dans le cas d'une plaque d'épaisseur 6 mm, si la valeur du potentiel de surface est supérieure à une valeur seuil de 24 kV, la sliding s'allume. De plus, en augmentant la tension crête à crête, ou l'épaisseur du diélectrique, le pic de la Sliding s'allume plus tôt. Par ailleurs, la fréquence semble ne pas avoir d'influence sur la Sliding tandis que l'amplitude du pic de courant de la sliding croît si on augmente la valeur de la tension

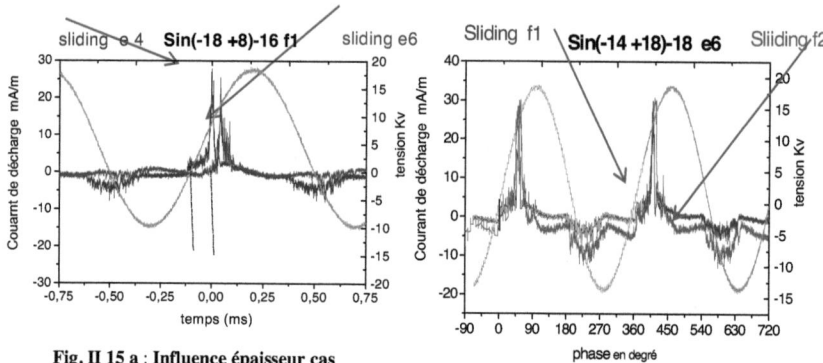

Fig. II 15 a : **Influence épaisseur cas de l'actionneur sliding.**

Fig. II 15 b : **Influence de la fréquence cas de L'actionneur sliding.**

4 Conclusion

Dans ce chapitre, nous avons présenté le dispositif expérimental utilisé, expliqué le principe des actionneurs DBD et Sliding, et enfin étudié les influences de la tension, de l'épaisseur du diélectrique puis de la fréquence sur le courant de décharge. Le deux actionneurs DBD et Sliding sont tous sensibles à l'évolution de la tension crête à crête. Pour une plaque d'épaisseur 6 mm, la DBD s'allume si la tension crête à crête du signal est supérieure à une valeur seuil de 8 kV, tandis que le pic de courant de la sliding apparaît lorsque la valeur du potentiel de surface atteint la valeur 24 kV. Toute augmentation de la valeur de la tension contribue à l'accroissement de la valeur de l'amplitude du courant de décharge.

Par ailleurs, pour les deux actionneurs plasma, une diminution de l'épaisseur du diélectrique se traduit par des pics de courant de plus grande amplitude. Le pic de la sliding commence alors un peu plus tôt.

Il est aussi important de notifier l'insensibilité de la sliding face à une augmentation de la fréquence. Ce qui n'est d'ailleurs pas le cas de la DBD pour laquelle l'amplitude des pics de courant devient plus importante au fur et à mesure qu'on augmente la fréquence. Dans ces conditions, les tensions d'extinction et d'allumage de la DBD sont les mêmes.

Enfin, dans la but d'étudier les propriétés mécaniques des deux actionneurs, quelques configurations intéressantes seront choisies, notamment celles donnant les meilleurs courant avec le compromis de la stabilité qui est fondamental afin d'éviter l'arc électrique.

Chapitre 3 : PROPRIETES MECANIQUES DES ACTIONNEURDBD & SLIDING : MESURES AU TUBE DE PITOT

Lorsqu'un gaz ionisé est soumis à un champ électrique, les ions subissent la force de coulomb, se déplacent suivant les lignes de champs et entrent en collision avec les molécules neutres présentes. Ces collisions induisent un mouvement de tout le gaz environnant. Ce phénomène, connu sous le nom de *vent ionique* (corona wind) est utilisé pour de nombreuses applications, notamment *le contrôle des écoulements*.

Dans cette partie, on s'intéresse au vent ionique créé par les actionneurs plasmas DBD et sliding. L'objectif visé étant de faire une étude comparative de l'évolution de sa vitesse pour ces actionneurs en partant des configurations électriques retenues dans le chapitre précédent.

Après une brève explication de la configuration expérimentale, nous allons décrire la technique utilisée pour la mesure de la vitesse de l'écoulement induit par ces actionneurs plasmas et enfin présenter, analyser et comparer les différents résultats obtenus.

1 Actionneurs DBD et Sliding

1.1 Configurations expérimentales et mesure de vitesse du vent ionique

La vitesse du vent ionique augmente avec l'intensité du courant de décharge. Parmi les 37 configurations électriques testées dans le chapitre précédent, nous avons choisi de travailler avec celles donnant les meilleurs courants: **sin (-18 +18) -18kV et sin (-14 +18) -18 kV** (voir convention de notation au chapitre 2), aux fréquences 1 et 2 KHz. De plus, outre les actionneurs DBD classique et sliding, nous avons testé une autre configuration électrique que nous baptisons **DBD 3 électrodes. Cette configuration jamais étudié précédemment, est obtenue avec le dispositif de la DBD Classique en reliant l'électrode supérieure DC à la masse (Fig. III.1.).**

Le but alors est d'analyser l'influence de cette électrode sur l'écoulement induit par les décharges.

Toutes les expériences sont menées sans écoulement extérieur. La plaque utilisée est celle qui est représentée sur la Fig.III.1. Il s'agit d'une plaque de 265 mm de long, 90 mm de large et d'épaisseur 4 mm (**Plaque 2**). Comme nous l'avons dit dans le chapitre 2, sur cette plaque sont fixées des électrodes en aluminium conductrices d'épaisseur 0.07 mm. La zone plasmagène à une surface de 7800 mm² (195mm x 40 mm). L'origine de notre repère bidimensionnel est placée à l'extrémité de l'électrode supérieure AC, au commencement de la zone inter électrodes, sur la paroi de la plaque.

La vitesse induite par le vent ionique est mesurée à l'aide d'un capillaire en verre de diamètre 0.2 mm et d'épaisseur 1.5 mm, relié par un tube en Tygon à un micro manomètre Furness FC 014 lequel permet une précision inférieure à 0.1 m/s. De façon à assurer la convergence de la vitesse, chaque mesure dure environ 3 secondes. Le capillaire peut être manuellement déplacé suivant les deux axes et donne la mesure de la pression totale. La pression statique est mesurée à l'aide d'un tube de Pitot classique placé au-dessus de la plaque. Le calcul de la vitesse est fait par la formule de Bernoulli :

$$v = \sqrt{\frac{2\Delta P}{\rho}}$$

où :

- ρ est la masse volumique de l'air
- ΔP est la différence entre la pression totale et la pression statique.

Cette technique ne nous permet malheureusement pas d'avoir la vitesse instantanée, mais la valeur moyenne de sa composante horizontale.

Par ailleurs afin de limiter les erreurs de mesure, nous avons également utilisé un voltmètre (échelle 12m/s pour 5V) pour la mesure de la vitesse. Les deux méthodes donnent des résultats équivalents.

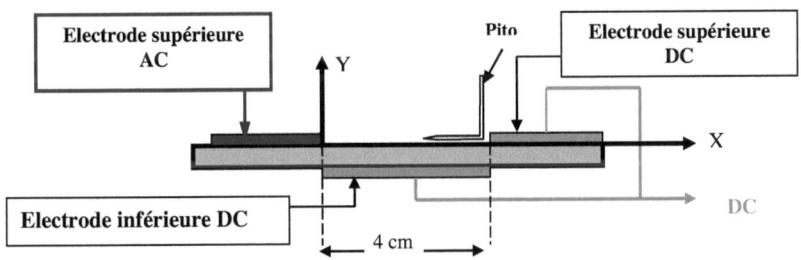

Fig.III 1. Schéma de la plaque plane utilisée pour la mesure du vent ionique

2 Observations, Résultats et Discussions

Afin de déterminer la provenance de la masse d'air, nous allons déplacer horizontalement notre tube de Pitot et mesurer la vitesse du vent ionique en fonction de x. Ainsi pour les positions x = 1, 10, 20, 30 et 40 mm, les mesures seront effectuées pour la variable y variant de 0 à 10 mm par pas de 1mm. Les configurations électriques utilisées sont résumées dans le **tableau 2 en annexe 5**.

2.1 Actionneur DBD Classique

Le montage expérimental utilisé pour la mesure du vent ionique est présenté sur la Fig.III 2. Lorsqu'on applique une forte tension sinusoïdale entre les deux électrodes, un vent ionique est induit de chaque côté comme l'indique les flèches. Les expériences menées précédemment au laboratoire ont montré que la vitesse est plus élevée au-dessus qu'en dessous de la plaque [1].

❖ **Etude de cas**

Afin de mesurer la vitesse du vent induit par la décharge au-dessus de la plaque, nous

- **appliquons une tension sinusoïdale AC variant de -18 kV à + 18 kV avec une fréquence de 2 kHz sur l'électrode supérieure AC,**
- **relions l'électrode inférieure DC à la masse.**

Les conclusions suivantes peuvent être tirées (☞ Fig.III 3.) :

✓ Pour les valeurs de $x \leq 0$, il n'y a aucune vitesse horizontale.

✓ Lorsque x = 1 mm, la vitesse passe à la valeur 1.4 m/s en très proche paroi. Jusqu'à x = 10 mm, elle augmente pour atteindre sa valeur maximum de **3.2 m/s pour y = 0.5mm** puis, il s'ensuit une décélération pour les valeurs de $x \geq 10$mm.

Cette analyse démontre que la quantité de mouvement ne vient pas de la région placée en amont de la zone inter électrode, mais de celle de la zone placée au-dessus de la décharge.

✓ Les vitesses maximums sont comprises entre 1.4 et 3.2 m/s pour $0 \leq y \leq 1.5$ mm et leur évolution est tracée sur la Fig.III 4.
✓ La position x= 10mm est la position où la vitesse est la plus grande.

En somme on peut affirmer que la DBD induit un écoulement en proche paroi.

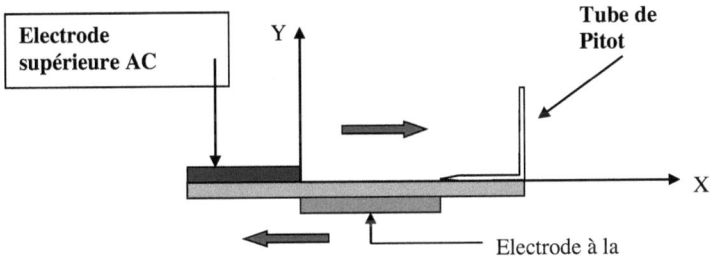

Fig.III 2. : Montage expérimental pour la mesure du vent ionique : Actionneur DBD

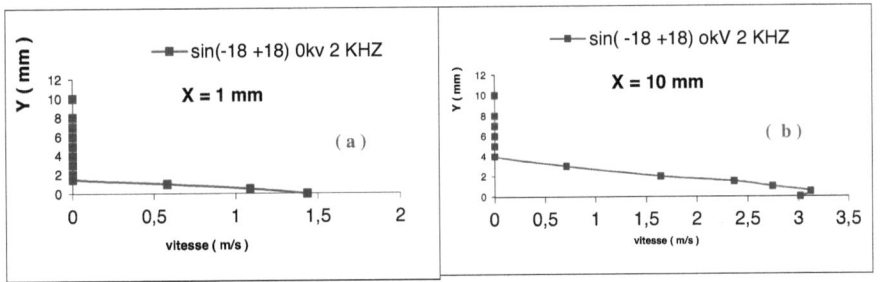

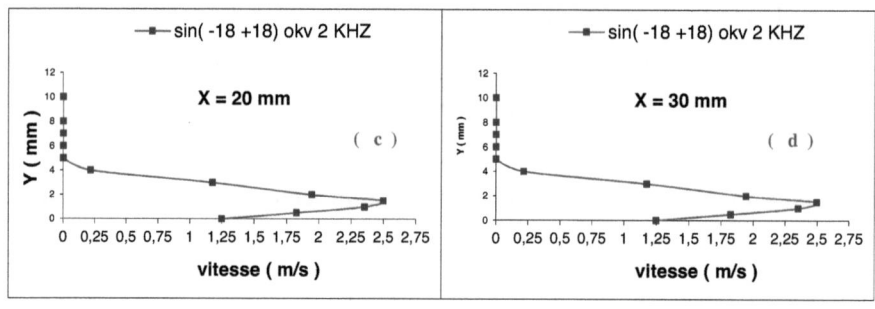

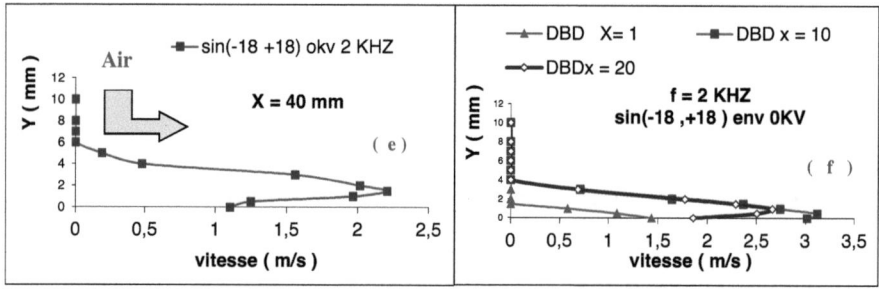

**Fig.III 3   Profils de vitesses pour les positions x = 1, 10 20, et 40 mm :
Actionneur DBD**

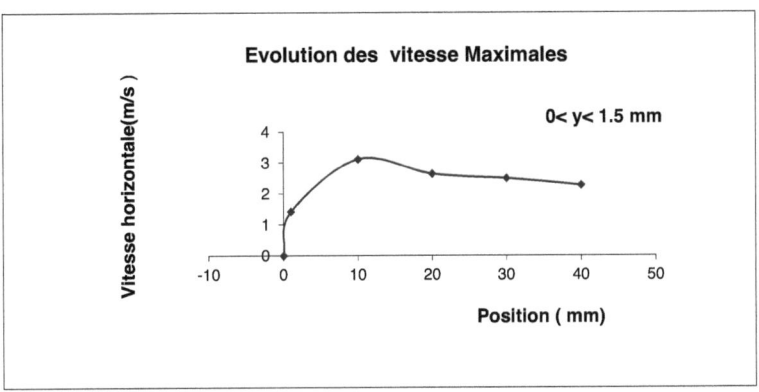

Fig. III 4. : Evolution des vitesses max pour la configuration DBD

2.2 Actionneur DBD 3 électrodes

Pour cet actionneur, l'électrode de dessus est reliée à la masse comme le montre la Fig.III 5.

❖ **Etude de cas**

Comme dans le cas de la DBD 2 électrodes, nous :

- appliquons une tension sinusoïdale AC variant entre -18 kV et 18 kV,
- relions les deux autres électrodes à la masse.
- la fréquence du signal est fixée à 2 kHz.
- la vitesse du vent ionique est mesurée à la fois avec le voltmètre et au tube de Pitot.

La Fig.III 6 présente les résultats obtenus pour diverses positions **x = 1, 10 et x= 20 mm**. Nous pouvons constater que ces résultats sont très voisins de ceux de la

DBD pure. Dans une première approche, il semble que les deux actionneurs sont similaires. Pour s'en convaincre, comparons par position leurs profils de vitesse.

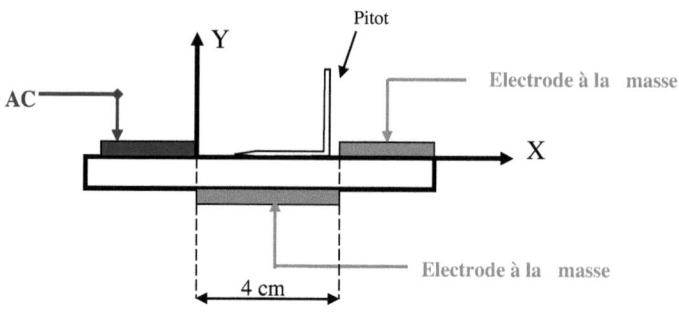

Fig.III 5. : Montage expérimental pour la mesure du vent ionique : Actionneur DBD 3 électrodes

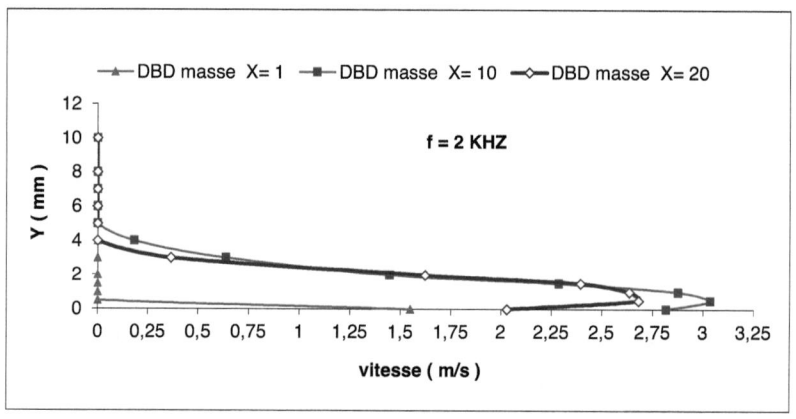

Fig.III 6. : Profils de vitesses DBD 3 électrodes pour x = 1, 10 et x= 20 mm

2.2.1 Comparaison DBD Classique et DBD 3 électrodes à 2 KHz

Nous avons tracé sur le même graphique et par position les profils de vitesse pour les deux actionneurs plasma (☞ Fig.III 7.). Dans presque tous ces cas, les profils de vitesses se superposent.
De ce fait, cette constatation confirme notre hypothèse et on peut affirmer qu'il n'y a pas de différences entre les deux actionneurs.
En somme **la présence de l'électrode supérieure DC reliée à la masse, n'a aucune influence sur l'écoulement induit**.
En conséquence, la configuration DBD 3 électrodes est la même que la DBD 2 électrodes.

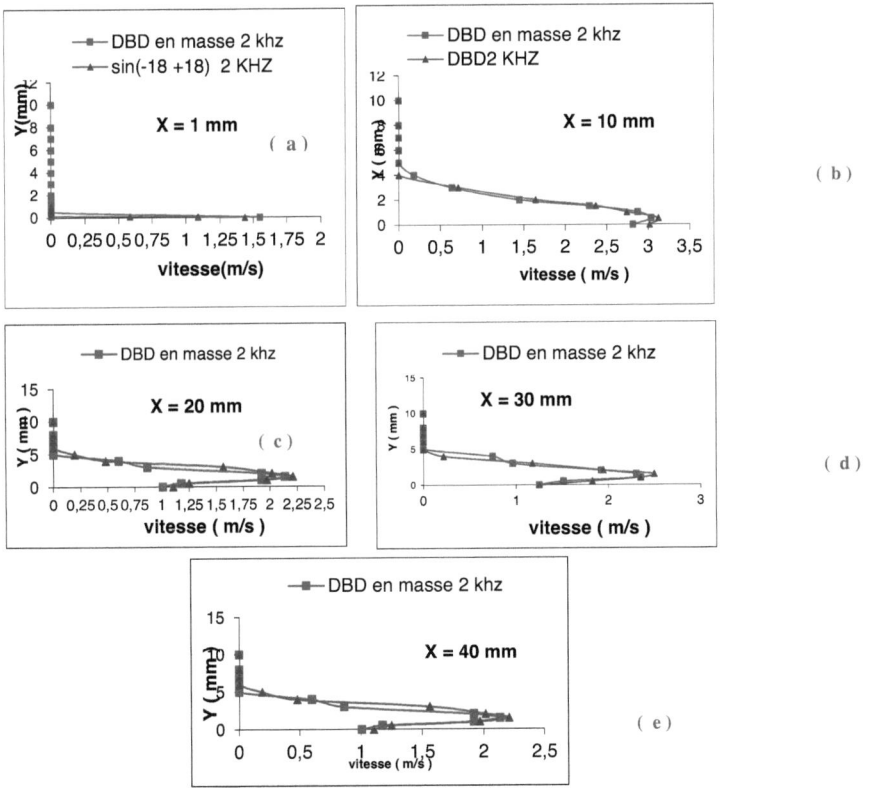

Fig.III 7. : Comparaison des profils de vitesse pour les actionneurs DBD 2 et 3 électrodes (courbes a, b, c, d et e)

2.2.2 Comparaison DBD Classique et DBD 3 électrodes à 1 KHz

En ce qui concerne les profils de vitesse à la fréquence à 1 KHz, nous avons remarqué un phénomène peu explicable qui d'ailleurs apparaît dans presque toutes les configurations. **En proche paroi, il y a comme une décélération suivie d'une accélération de vitesses.** La Fig.III 8 en donne une illustration.

A notre avis, il est fort probable qu'un phénomène physique se passe à cet endroit. Des expériences complémentaires pourront permettre de mieux le comprendre.

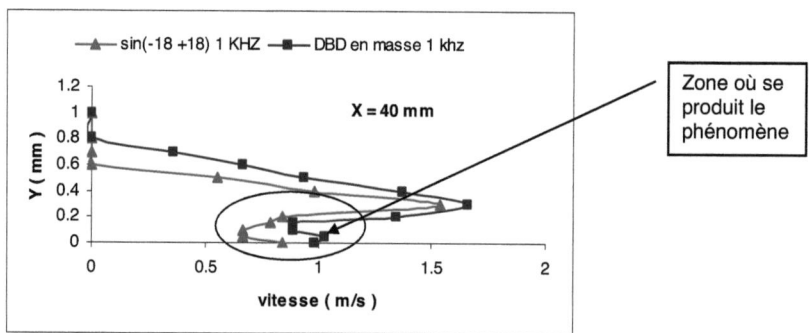

Fig.III 8. : Comparaison DBD Classique et DBD 3 électrodes à 1 KHz en position x = 40 mm

2.3 Actionneur Sliding

Le montage expérimental est celui de la **Fig.III 1**. L'électrode supérieure AC est soumis à un potentiel sinusoïdal variant de -18 kV à +18 kV et sur les autres est appliqué un potentiel continue de -18 kV. Les résultats obtenus sont présentés sur la Fig.III.9 pour les positions x = 1, 10 et 40 mm.

Nous remarquons aussi comme dans le cas de la DBD :

- ✓ qu'il y a une forte accélération jusqu' à la **valeur x = 10 mm** où la vitesse est également maximale, passant de **2.75 m/s à 3.2 m /s en proche paroi**, suivi d'une diminution de la vitesse maximale due à la diffusion vers les y.

✓ Les valeurs des vitesses maximales sont obtenues pour $0 \le y \le 1.5$ **mm et pour toutes les positions, la plus grande des vitesses maximale** est atteinte à la position **x = 10 mm**.

On conclut alors que la sliding également induit un écoulement en proche paroi.

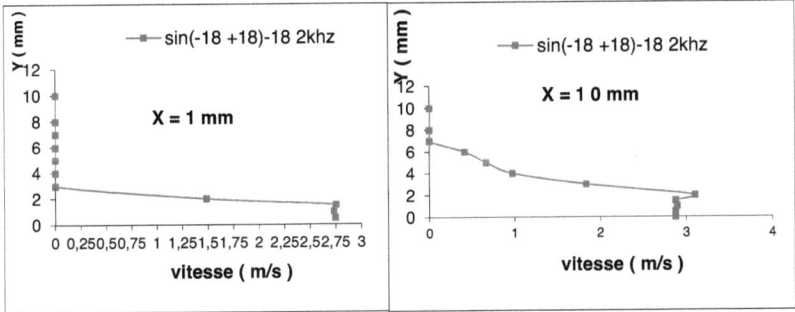

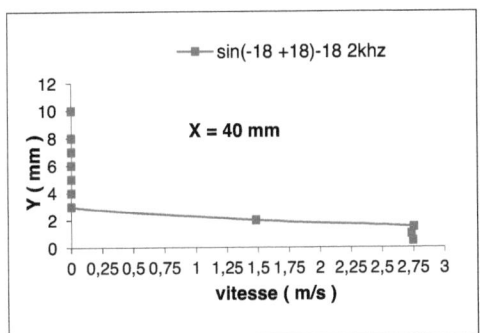

Fig.III 9. : Profils de vitesses de l'actionneur sliding pour les positions x = 1mm et x= 10 et 40 mm

2.3.1 Comparaison DBD et Sliding

Nous venons de voir que les deux actionneurs induisent chacun en ce qui le concerne un écoulement en proche paroi. Afin de bien comprendre le mécanisme de la sliding, nous avons superposé sur la Fig.III 10 les profils de vitesse de la DBD et ceux de la sliding dans chaque position. En proche paroi il apparaît à travers ces différentes courbes :

> ➤ Qu'au voisinage de l'électrode supérieure AC jusqu'à la position $x = 10$mm, la quantité de mouvement apportée par la sliding est plus importante que celle de la DBD.
>
> ➤ Au-delà de la position **$x = 10$ mm et en allant vers l'électrode supérieure DC**, cette apport de vitesse diminue dans le cas de la sliding par rapport à la DBD.

2.3.2 Mécanisme de la Sliding

Pour expliquer les résultats précédents, prenons la configuration électrique **sin(-18, +18)-18 kV** c'est à dire que nous appliquons:

- **une tension sinusoïdale AC variant entre -18 kV et + 18 kV**
- **une tension continue de -18 kV sur l'électrode supérieure DC.**

2.3.2.1 Cas DBD (☞ **Fig.III 11 a)**

Il y a ionisation de l'air et par conséquent émission de charges positives au niveau de l'électrode supérieure AC (portée à un potentiel positif) lors de l'alternance positive de tension. Pendant l'alternance négative, les ions négatifs sont créés. Ces ions sont accélérées par le champ électrique crées entre les deux électrodes. Un vent ionique est alors produit.

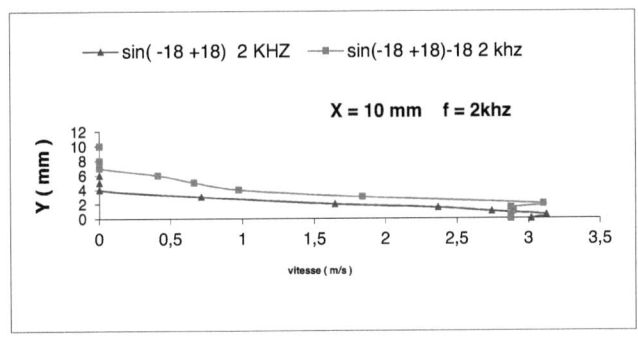

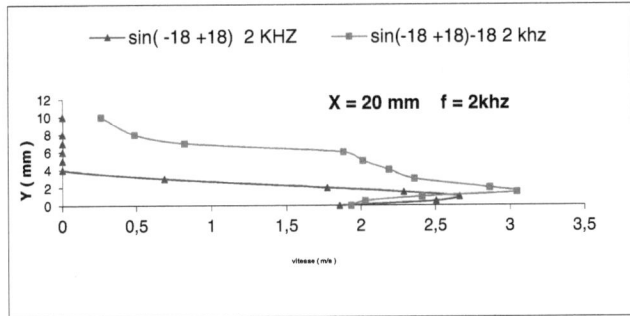

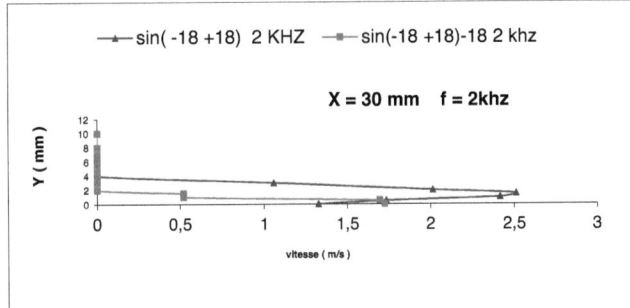

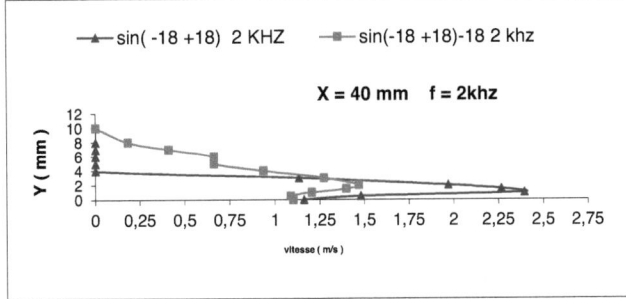

Fig.III 10. : **Comparaison profils de vitesse de la DBD et la sliding aux positions x= 10, x= 20 , x= 30 et x= 40 mm pour une fréquence de 2 KHz.**

2.3.2.2 Cas de la Sliding (☞ Fig.III 11 b)

Nous appliquons ici une tension négative de -18 kV à l'électrode supérieure DC. Il y a :

- ✓ Emission de charges positives au niveau de l'électrode supérieure AC qui sont à la fois attirées par l'électrode inférieure DC et l'électrode supérieure DC. Il y a alors génération d'un vent ionique de l'électrode supérieure AC vers l'électrode supérieure DC.

- ✓ Emission de charges négatives au niveau de l'électrode supérieure DC qui sont quant à elles attirées par l'électrode supérieure AC.

La force électrique s'exerçant sur les charges positives crées au niveau de l'électrode supérieure AC est plus importante dans le cas de la sliding que la DBD. Cela justifie la prépondérance de l'apport en quantité de mouvement dans le cas de la sliding. En revanche, si on se place du côté de l'électrode supérieure DC, l'émission des charges négatives entraîne l'apparition d'un vent ionique faible dirigé de l'électrode supérieure DC vers l'électrode supérieure AC, donc contraire au sens du vent ionique principal. Ceci a pour effet de freiner le mouvement du gaz environnant au voisinage de l'électrode supérieure DC.

En conclusion, nous pouvons dire dans le cas de la sliding, et en comparaison à la DBD, que l'apport en quantité de mouvement est plus important du côté de l'électrode supérieure AC d'une part, et qu'il y a freinage du mouvement induit par la décharge du côté de l'électrode supérieure DC d'autre part.

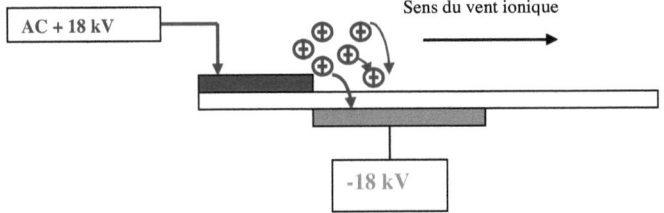

Fig.III 11 a : Description schématique du mécanisme de génération du vent ionique lors de l'alternance positive de tension : cas de la DBD.

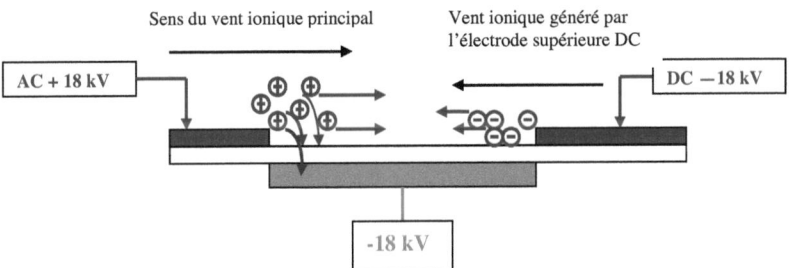

Fig.III 11 b : Description schématique du mécanisme de génération du vent ionique lors De l'alternance positive de tension : cas de la sliding.

3 Conclusion

Nous avons fait dans ce chapitre une étude comparative des profils des vitesses de l'écoulement induit par les différents actionneurs. Il apparaît au regard des résultats obtenus que l'électrode supérieure DC n'a aucune influence sur les résultats de la DBD si celle-ci est reliée à la masse. Par ailleurs, nos analyses montrent que toutes les quantités de mouvement proviennent d'un endroit situé au-dessus de la zone inter électrode et que les actionneurs DBD et sliding induisent un écoulement en très proche paroi.

De l'étude comparative des vitesses des deux actionneurs, il ressort d'une part que dans la configuration sliding, l'apport en quantité de mouvement est plus important au voisinage de l'électrode supérieure AC par rapport à la configuration DBD et d'autres part, le voisinage de l'électrode supérieure DC est une zone d'ionisation où les ions sont injectées dans le milieu environnant et par conséquent il se produit un vent ionique de sens contraire au vent ionique principal. Ce qui a pour effet de ralentir le mouvement du gaz.

On peut noter ici que la mesure au Pitot ne nous donne que la composante moyenne horizontale des vitesses. Une étude par PIV nous permettra d'aller plus loin dans nos conclusions et d'analyser l'effet des actionneurs DBD et Sliding sur la couche limite d'un l'écoulement.

Chapitre 4 : INFLUENCE DES DESCHARGES SUR UNE COUCHE LIMITE : MESURES AU P.I.V.

Pour la plupart des écoulements autour d'un obstacle, le transfert de la quantité de mouvement s'effectue par l'intermédiaire des forces de pression et des contraintes visqueuses. Une couche limite s'établie au voisinage immédiat de l'obstacle. Dans cette région, la vitesse varie rapidement sur une distance faible égale à l'épaisseur de la couche limite. Nous nous intéressons dans cette partie à la modification du profil de vitesse dans cette couche limite.

Dans la précédente partie de notre étude concernant les mesures au Pitot, nous avons quantifié la vitesse du vent ionique créé par un actionneur électro-aérodynamique (actionneur plasma). Malheureusement, nous n'avons pas pu avoir la composante verticale de cette vitesse qui nous permettrait de mieux expliquer l'action de ces actionneurs sur la couche limite.

Pour combler ce déficit, nous avons décidé de faire une étude comparative de l'influence des décharges DBD et sliding sur la couche limite d'une plaque plane (en présence d'un écoulement extérieur) en utilisant la Vélocimétrie par Imagerie de Particules (P.I.V). Ainsi, après avoir présenté le dispositif expérimental, expliqué le principe de la méthode, nous allons étudier la modification du profil de vitesse dans la couche limite en variant la vitesse de l'écoulement extérieur ainsi que l'effet sur son épaisseur.

1 Dispositifs et protocoles expérimentaux

1.1 Description de la soufflerie

Pour générer un écoulement extérieur, nous avons utilisé une soufflerie dont la plage de vitesse s'étale de 1.5 m/s à 30 m/s (☞ Fig.IV 1.)

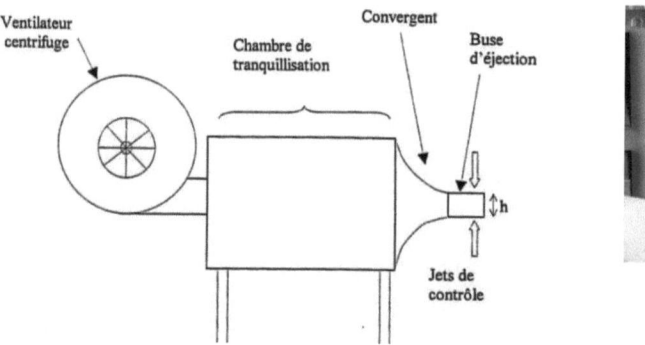

Fig.IV 1. Soufflerie   Fig.IV 2. Variateur de fréquence

Elle est composée de :

- Un ventilateur centrifuge d'une puissance de 5.5 KW dont la vitesse de rotation est ajustable grâce à un variateur de fréquence (☞ Fig.IV 2.) qui permet d'afficher la vitesse d'écoulement. L'air ambiant est directement aspiré dans le hall d'essais.

- Une chambre de tranquillisation comportant des filtres et des grilles destinés à réduire le taux de turbulence et augmenter le degré d'homogénéité de l'écoulement.

- Un convergent de section rectangulaire dont le rapport de contraction est de 24.

- Une veine de sortie de 50 mm de haut et de 300 mm de large. Afin de favoriser la visualisation de l'écoulement dans la région de contrôle, la veine est équipée de parois latérales transparentes en PMMA (plexiglas). Pour connaître la vitesse d'éjection du jet, on a installé sur le flanc de la veine, à la sortie du convergent, un tube de Pitot.

Il est à noter que la transition des couches limites sur chaque face de la veine est forcée grâce à des bandes rugueuses placées à la fin du convergent. De plus, toute étude dans cette soufflerie est conduite pour une vitesse d'écoulement **Uo** (vitesse d'éjection) correspondant à un nombre de Reynolds $Re = Uo.l/\nu$ où ν est la viscosité cinématique de l'air et l une longueur caractéristique (☞ **Fig.IV 1.**).

1.2 Dispositif électrique

Le dispositif électrique utilisé est le même que celui détaillé dans le chapitre 2 (Partie Electrique). Il est essentiellement composé d'un amplificateur haute tension (TREK), de deux alimentations continues, d'un générateur GBF, d'un oscilloscope numérique.

1.3 Actionneurs

Dans le but de faire une étude comparative des actionneurs DBD et sliding, nous avons utilisé une plaque plane au bord de fuite biseautée (Fig.IV 3.), et dont le montage sur la soufflerie est représenté sur la photographie de la Fig.IV 4. Cette plaque en PMMA (plexiglas) à 3mm d'épaisseur, et 265 mm de longueur. Sur celle-ci sont fixées des électrodes de 9 mm large et 180 mm de long. L'angle du biseau est de 16 degré. Les configurations électriques retenues dans le cadre de cette étude sont consignés dans le **tableau 3 de l'annexe 6**.

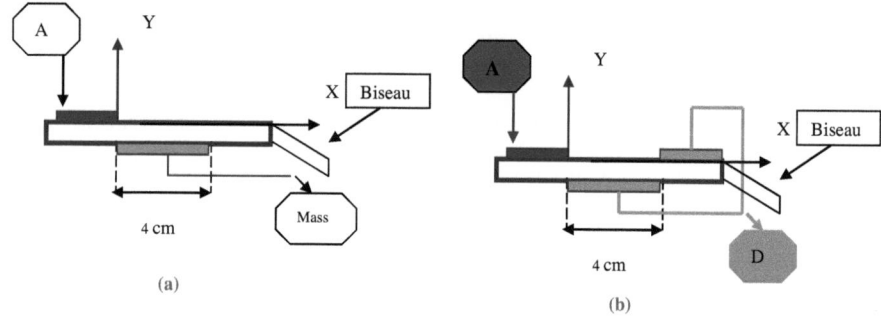

Fig.IV3 Configuration actionneur DBD (a) et Sliding (b)

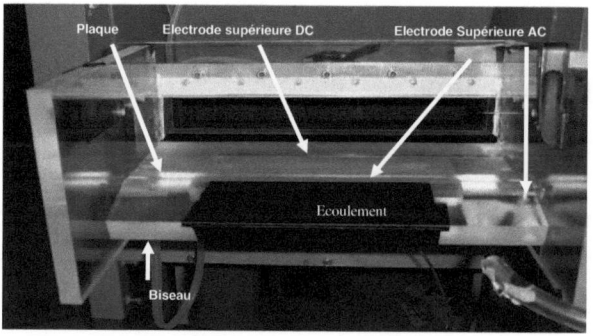

Fig. IV. 4   Photographie du montage de la plaque sur la soufflerie

1.4 Mesure de Vitesse par Vélocimétrie par Imagerie de Particules (PIV)

Afin d'avoir une meilleure approche de l'influence des décharges sur la couche limite, nous avons enregistré et traité le champ de vitesse par la PIV.

La PIV est une méthode optique de mesure de vitesse non intrusive, instantanée et bidimensionnelle. Son principe général consiste à enregistrer des images de particules (traceurs) à des instants successifs. La comparaison de deux images successives permet de remonter localement au déplacement du fluide et ainsi d'accéder au champ de vitesses à un instant donné. Sa mise en œuvre nécessite **l'ensemencement de l'écoulement** (généralement par la fumée), **la création d'un plan lumineux** (par un laser), **l'acquisition d'images** (par une caméra CCD) et enfin **un post traitement des données**. Pour ce qui nous concerne, nous avons utilisé le système P.I.V de LAVISION®.

Le dispositif d'ensemencement est un générateur de fumée (huile isolante). Pour acquérir les images, une caméra CCD (Caméra Flowmaster 3 de chez LAVISION®, 1280x1024 pixels, 12 bits) et un laser yag double impulsion (modèle TWING de chez QUANTEL® de longueur d'onde 532 nm et d'énergie de 30 mJ) sont utilisés. Le temps entre deux photographies est réglé en fonction de la vitesse d'écoulement. Il est fixé respectivement à 25 μs, 12μs, 6μs, et 3μs, pour la vitesse 5m/s, 10m/s 20m/s et 30m/s. Le calcul des champs instantanés de vitesse est fait par inter- corrélation, grâce à un algorithme multi- passe puis un filtre est utilisé pour éliminer les reflets. La taille de la fenêtre d'interrogation initiale et finale est respectivement de 64x64 et 32x32 pixels avec un taux de recouvrement de 50%.Une seule itération est retenue et ainsi nous avons obtenu 5590 vecteurs. Ainsi les vecteurs ayant un rapport signal sur bruit de 1.4 sont éliminés. L'acquisition d'un couple d'images (champs de vecteurs) est obtenue toutes les 0.25 s (4 Hz). Une moyenne de 200 champs de vecteurs est réalisée pour obtenir un champ de vecteur moyen ; ce qui peut nous permettre d'obtenir sa convergence. Par ailleurs, pendant les expériences, la plaque est régulièrement nettoyée afin d'éviter que les particules chargées ne modifient les propriétés de la décharge.

2 Observations, Résultats et discussions

Nous présentons dans ce paragraphe les résultats obtenus pendant les expériences aussi bien pour la DBD que pour la sliding. Pour mieux analyser et appréhender ces différents résultats, nous présenterons d'abord les cartographies des champs de vitesses et ensuite le profil des vitesses pour différentes positions.

Entre autre, notons que pendant l'expérience, les mesures sont enregistrées d'abord sans décharge puis avec l'application des décharges et ceux en balayant la vitesse de l'écoulement **Uo**. Les premières tendances montrent qu'au-delà de 10m/s, la décharge influe peu sur la couche limite. Par conséquent, nous avons décidé de présenter en priorité les résultats obtenus avec un écoulement extérieur de 5m/s et ensuite d'analyser l'influence d'une augmentation de la vitesse sur la couche limite.

La configuration électrique choisie sera celle utilisée pour les mesures au tube de Pitot afin d'établir une comparaison des deux méthodes. La fréquence est de 2 KHz. Ces configurations sont :

- **DBD : sin (-18 +18) 2KHz**
- **Sliding : sin (-18 +18) +20 kV.**

Par ailleurs, les profils de vitesse seront présentés aux positions **x = 0**, (près de la première électrode), **x =10 mm** (l'endroit où la vitesse du vent ionique est maximum lors des mesures au Pitot), **x = 20 mm, x = 30 mm** et enfin **x = 40 mm** (près de la deuxième électrode).

2.1 Ecoulement sans décharge

La Fig.IV 5 ci-dessous présente la cartographie de l'écoulement sans décharge lorsque la vitesse de l'écoulement extérieur est de 5m/s. Comme on peut le constater, il apparaît sur cette fenêtre graphique une couche limite de quelques millimètres d'épaisseur. Par ailleurs, la valeur **Re = 7.10^4** du nombre de Reynolds basé sur la corde de la plaque placée sans incidence dans la soufflerie montre que le régime de **l'écoulement est laminaire**. De plus, après la position x = 40mm, c'est à dire en aval de l'électrode inférieure, on constate une diminution de l'épaisseur de la couche limite. Cette réduction est provoquée par la présence du biseau incliné d'un angle de 16° (angle limite de décollement) qui aspire le fluide, réduisant ainsi l'épaisseur de la couche limite.

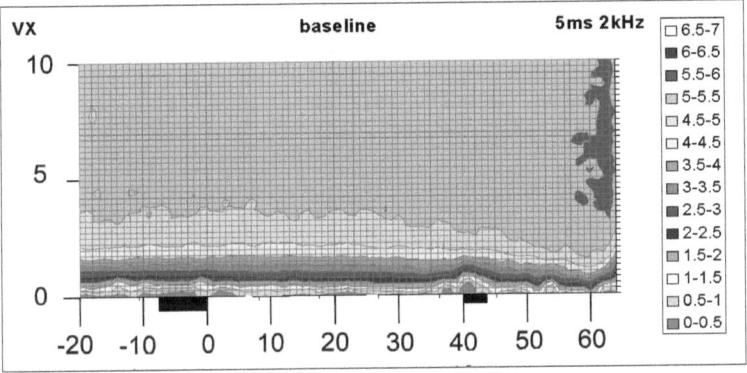

Fig.IV 5. Cartographie du champ moyen de vitesse horizontale sans la décharge avec Uo = 5m/s

2.2 Ecoulement avec décharges

2.2.1 Actionneur DBD

2.2.1.1 Cartographie des champs de vitesse

Les Fig.IV 5. à IV 7 présentent les cartographies des champs moyens de vitesses horizontale et verticale avec et sans décharge pour une vitesse d'écoulement Uo = 5m/s. Lorsqu'on applique une tension sinusoïdale d'amplitude 18 kV à valeur moyenne nulle et de fréquence 2 KHz, on peut faire les constats suivants :

✓ Diminution de l'épaisseur de la couche limite. L'effet diminuant avec l'éloignement de la position x = 0.

✓ Dans la zone plasmagène, la Fig.IV 6 montre que la décharge induit un apport de vitesse dans la couche limite d'environ 2.5 m/s en proche paroi. (pour $y \leq 1.5$ mm).

✓ Cet apport de vitesse est aussi présent en amont de l'électrode comme le montre la Fig.IV 6. Il y a également une sorte de freinage au voisinage de l'électrode amont (Electrode supérieure AC).

- ✓ Derrière l'électrode aval (zone entourée), il y a une brusque augmentation de l'épaisseur de la couche limite. Ce fait semble être le résultat soit d'un reflet de la paroi latérale (en PMMA) de la veine de la soufflerie, soit de l'électrode de dessous.
- ✓ Sur la Fig.IV 7. on constate qu'au-dessus de l'électrode, il y a une zone de forte vitesse négative. Ce qui signifie qu'il y a aspiration de l'écoulement vers l'actionneur.
- ✓ Dans toute la zone de plasma, cette attraction diminue quand on s'éloigne de l'électrode.

Si on fait la différence des cartographies des champs moyens de vitesses horizontales et verticales avec et sans décharges (Fig.IV 8. et IV 9.), on voit nettement la confirmation des conclusions précédentes :

- **Apport de vitesse horizontale supérieure à 2.5 m/s à certains endroits**
- **Aspiration de l'écoulement à x = 0**

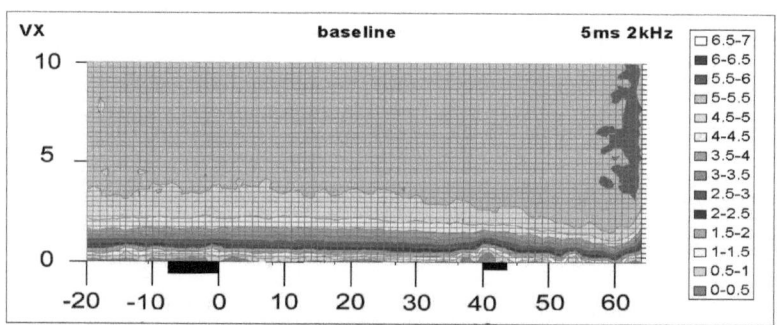

Fig.IV 5. Cartographie du champ moyen de vitesse horizontales sans la décharge avec Uo = 5m/s

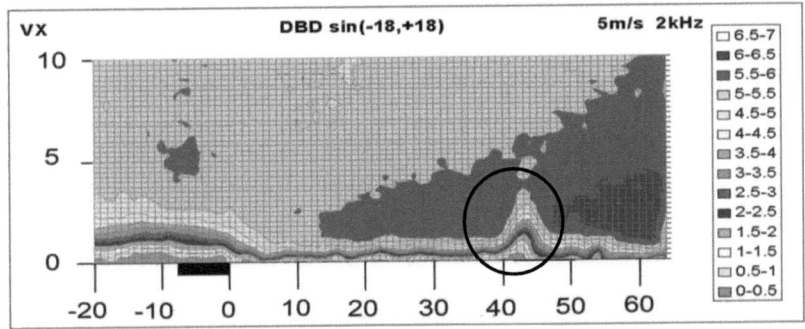

Fig.IV 6. Cartographie du champ moyen de vitesse horizontale avec l'actionneur DBD avec Uo = 5m/s

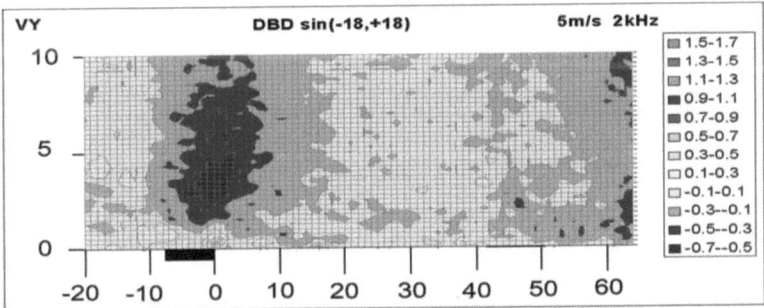

Fig.IV 7. Cartographie du champ moyen de vitesse verticale avec l'actionneur DBD pour Uo = 5m/s

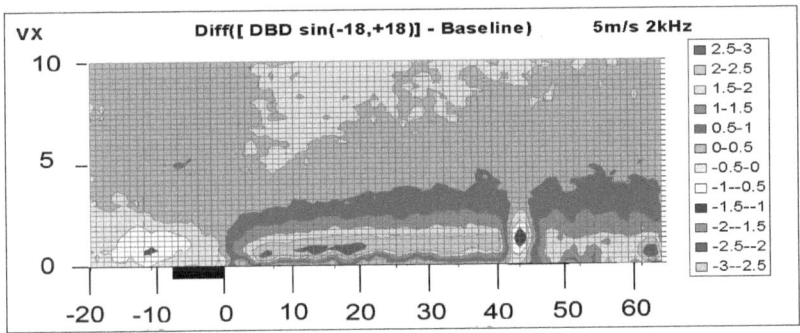

Fig.IV 8. Cartographie de la différence du champ moyen de vitesse horizontale avec et sans la Décharge pour Uo = 5m/s (UON – U OFF en m/s)

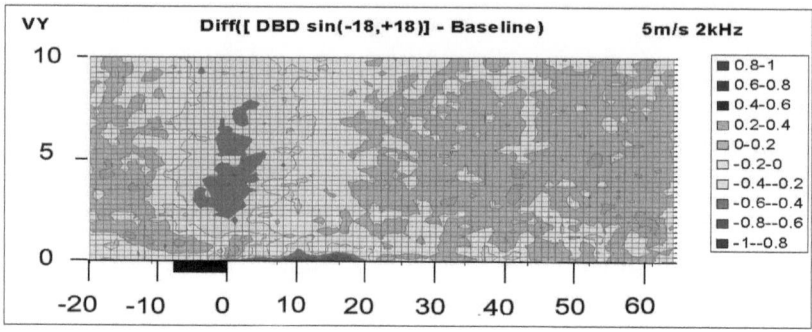

Fig.IV 9. Cartographie de la différence du champ moyen de vitesse verticale avec et sans la décharge pour $U_0 = 5\,m/s$ (VON – V OFF en m/s)

2.2.1.2 Actionneur DBD : Profil de vitesse

Pour se faire une idée de l'évolution de la vitesse horizontale et apprécier l'épaisseur de la couche limite, nous avons tracé les profils de vitesse pour les positions x= 0, 10, 20 30 et 40 mm. **On peut constater que l'épaisseur de la couche limite est d'environ 3 mm**. De plus, comme nous l'avons déjà remarqué sur les cartographies il y a augmentation de la vitesse dans la couche limite, donc apport de quantité de mouvement dû à la décharge. **Toutefois, on constate ici d'après ces profils de vitesse que l'effet maximum de la décharge se situe au voisinage de x = 40 mm**.

Une étude plus détaillée sur l'évolution de l'épaisseur de la couche aurait pu être faite, notamment, l'étude de son évolution, et du celle du paramètre de forme. Cette dernière ne sera pas réalisée dans cet ouvrage.

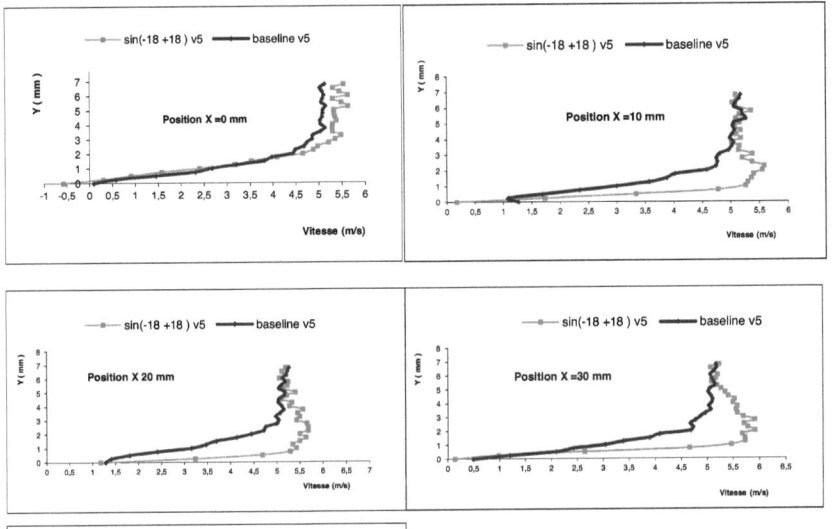

Fig. IV 10. Profils de vitesse dans la couche limite aux positions x = 0, 10, 20, 30 et 40 mm pour l'écoulement soumis à la décharge DBD avec une vitesse Uo = 5m/s

2.2.2 Actionneur sliding

2.2.2.1 Cartographie des champs de vitesse

Si nous appliquons une **tension sinusoïdale d'amplitude 18 kV** sur l'électrode de dessus (Electrode supérieure AC), et **une tension continue de +20 kV** sur les autres électrodes DC, on voit apparaître presque les mêmes phénomènes que dans le cas de la DBD (Fig. IV 11, 12 et 13) :

- ✓ augmentation de vitesse dans la couche limite, donc apport de la quantité de mouvement dans la zone inter électrode.
- ✓ Attraction de l'écoulement vers l'actionneur à x = 0.

Etant donné que les mêmes phénomènes sont observées dans la couche limite pour les deux actionneurs, nous allons faire une analyse plus fine en comparant les cartographies des champs de vitesses d'une part et d'autre part en regardant de plus près ce qui se passe dans des zones spécifiques de ces fenêtre graphiques.

2.2.2.2 Comparaison des champs vitesses : DBD / Sliding

Les graphiques des Fig.IV 14, 15, 16 et 17 représentent les cartographies des différences (U_{ON}- U_{OFF}) des champs de vitesses horizontales et verticales pour la DBD et la Sliding. L'examen de ces cartographies nous permet de faire les observations suivantes :

❖ **Composantes horizontales** (Fig.IV 14 et Fig. IV 15)

✓ Entre les électrodes, l'apport en proche paroi de la quantité de mouvement est plus important pour l'actionneur sliding que pour la DBD au voisinage de l'électrode amont (Electrode supérieure AC) jusqu'à la position x = 30 mm .**Cette augmentation de vitesse est d'environ de 2.5 à 3 m/s pour la sliding tandis qu'il est de 2 à 2.5m/s pour la DBD. Soit un écart d'environ 0.5 à 1m/s.** Ce constat s'explique par le fait que dans le cas de la sliding, les charges électriques générées par l'électrode supérieure AC sont à la fois attirées par les électrodes supérieure et inférieure DC. Ce qui naturellement accroît la vitesse du vent ionique, donc l'apport en quantité de mouvement, augmentant ainsi la vitesse dans la couche limite.

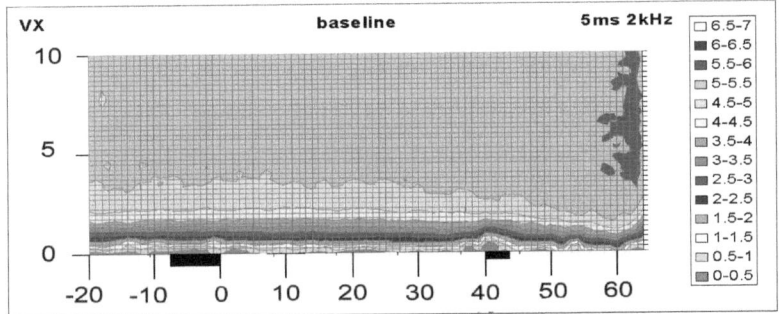

Fig.IV 5. Cartographie du champ moyen de vitesse horizontales sans la décharge avec Uo = 5m/s

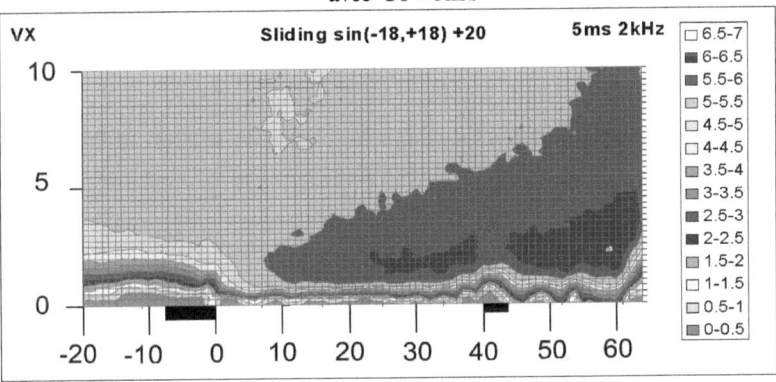

Fig.IV 12. Cartographie du champ moyen de vitesse horizontales avec la décharge Sliding pour Uo = 5m/s

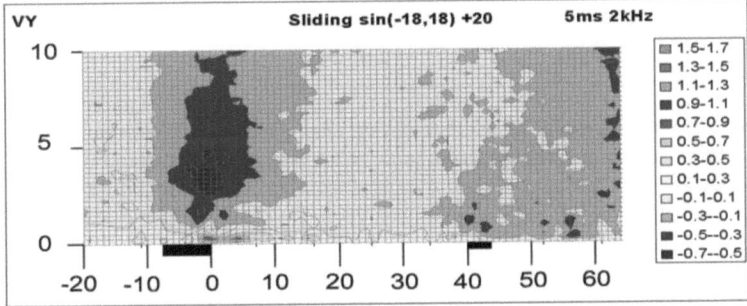

Fig.IV 13. Cartographie du champ moyen de vitesse verticale avec la Sliding pour Uo = 5m/s

✓ En s'approchant de la seconde électrode (**environ x=40 mm**), si nous passons de l'actionneur DBD à la sliding, on constate une diminution de la vitesse d'environ de 2m/s (soit une réduction de 80 % de l'apport en quantité de mouvement) dans la couche limite. Cette remarque est conséquente d'après nos conclusions sur la mesure par le tube de Pitot. L'électrode supérieure DC injecte dans le gaz des charges générant ainsi un vent ionique dans le sens contraire du vent ionique principal. Ce qui a pour effet le freinage de l'écoulement. C'est ce qui justifie cette baisse de vitesse dans le cas de la sliding.

❖ <u>**Composantes verticales**</u> (Fig. IV.16 et Fig. IV.17)

L'aspiration de l'écoulement est beaucoup plus forte du côté de la DBD que de la sliding. Elle diminue au fur et à mesure que l'on s'éloigne de l'électrode amont.

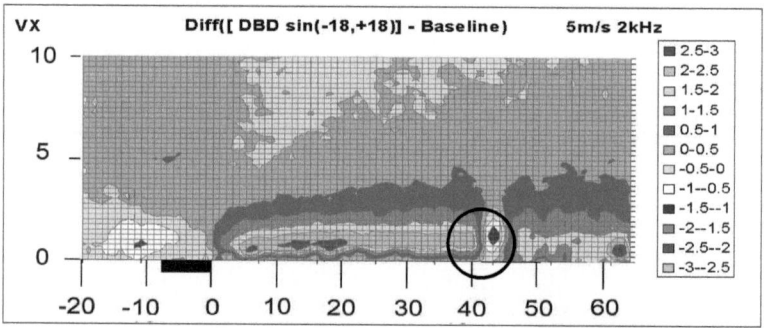

Fig.IV 14 Cartographie de la différence du champ moyen de vitesse horizontale avec et sans la décharge DBD, pour U_0 = 5m/s ($U_{ON} - U_{OFF}$ en m/s)

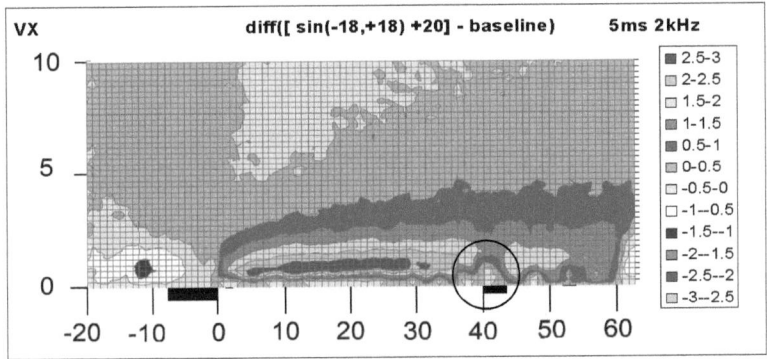

Fig.IV 15 Cartographie de la différence du champ moyen de vitesse horizontale avec et sans la décharge Sliding, pour Uo = 5m/s (UON − U OFF en m/s)

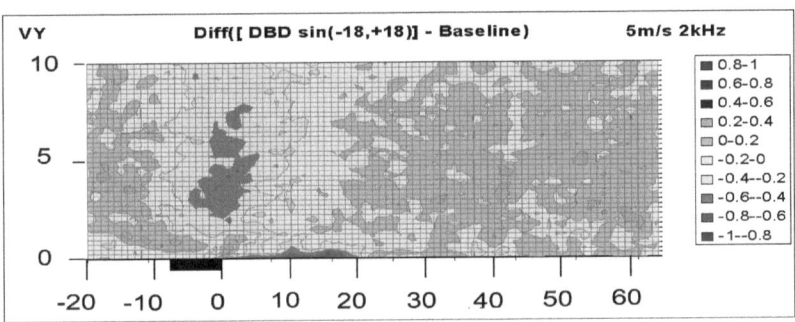

Fig.IV 16 Cartographie de la différence du champ moyen de vitesse verticale avec et sans la décharge DBD pour Uo = 5m/s (VON − V OFF en m/s)

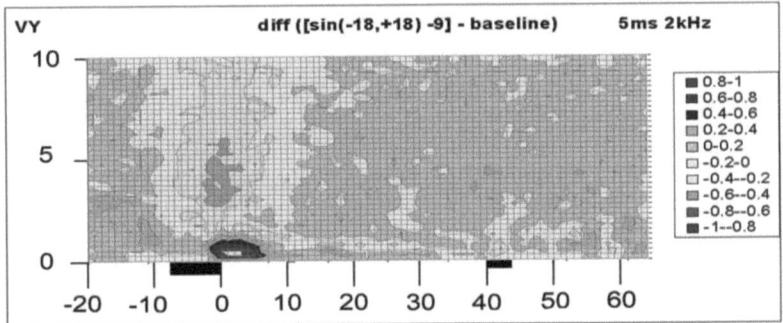

Fig.IV17. Cartographie de la différence du champ moyen de vitesse verticale avec et sans la Décharge Sliding pour Uo = 5m/s (VON − V OFF en m/s)

2.2.2.3 Actionneur Sliding & DBD : Etude comparée des profils de vitesse

Afin de poursuivre les efforts de compréhension dans les phénomènes qui génèrent cet ajout de la quantité de mouvement dans la couche limite pour les deux actionneurs, nous avons entrepris une étude comparative des profils de vitesse. Les courbes de la Fig.IV 18 montrent qu'au voisinage de l'électrode AC, l'apport en proche paroi de la sliding est important par rapport à celui de la DBD. De plus, au-delà de la position x = 10 mm, le phénomène s'inverse.

En somme en proche paroi :
- ✓ l'apport en quantité de mouvement est important au voisinage de x =0 dans le cas l'actionneur sliding que pour la DBD.
- ✓ Au voisinage de l'électrode supérieure DC, la vitesse dans la couche limite est plus importante si on utilise l'actionneur DBD au lieu de la sliding.

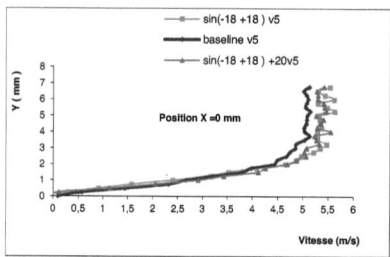
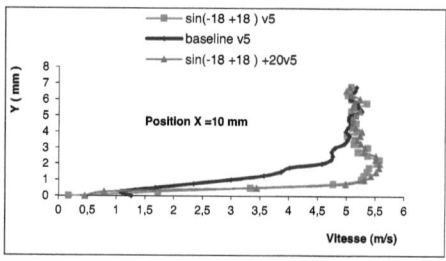
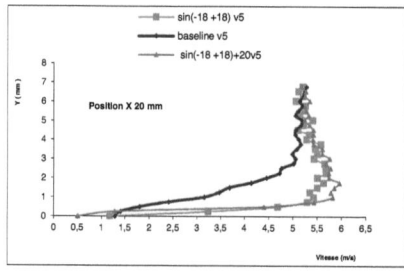
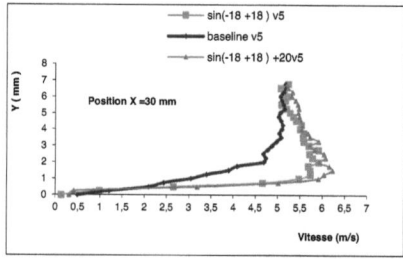

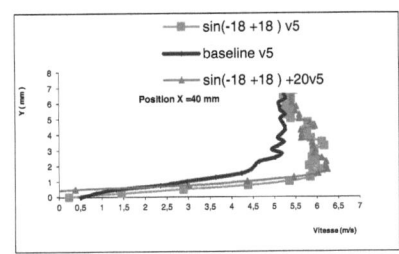

Fig. IV.18 Profils de vitesses dans la couche limite aux positions x = 0, 10, 20, 30 et 40 mm pour l'écoulement soumis à la sliding avec une vitesse Uo = 5m/s

2.3 Effet de l'augmentation des vitesses Uo

Nous avons remarqué expérimentalement que l'apport en quantité de mouvement dans la couche limite diminue quand on augmente la vitesse de l'écoulement extérieure. En effet, cet apport est d'environ respectivement de 2.5 à 3 m/s, ≈ 1m/s et ≈ 0.5m/s pour les vitesses extérieures de 5, 10, et 20m/s.

En somme, plus la vitesse extérieure augmente, moins la décharge influe sur la couche limite.

3 Conclusion

Nous avons présenté dans cette partie les résultats de l'influence des actionneurs DBD et Sliding sur la couche limite. Initialement nous avons exposé les cartographies des champs de vitesse de l'écoulement avec et sans décharge. Ensuite nous nous sommes penchés sur l'étude des profils de vitesse aux positions : x = 0 (près de la première électrode), x= 10, 20, 30 et 40 mm.

Notre plaque étant placée dans la soufflerie sans incidence, il ressort de l'application des décharges sur l'écoulement, l'apparition des phénomènes identiques pour les deux actionneurs:

- Augmentation de la vitesse en proche paroi dans la zone inter-électrode de l'ordre de 2.5m/s pour la DBD, et 3m/s pour la Sliding.

- Aspiration de l'écoulement vers l'actionneur au voisinage de x = 0. Cette aspiration est plus forte du côté de la DBD que de la Sliding.

Afin de poursuivre les efforts de comparaison des deux actionneurs, nous avons étudié les cartographies des vitesses horizontales et nous avons pu comprendre qu'en s'approchant de la seconde électrode (environ **x=40 mm**), il y a une réduction de 80% de l'apport en quantité de mouvement dans la couche limite si on passe de la configuration DBD à la Sliding. **Cette remarque confirme nos premières conclusions obtenues par tube de Pitot et dénote le caractère distinctif de la sliding : ionisation du gaz au voisinage l'électrode supérieure DC avec injection de charges électriques, créant ainsi un vent ionique dans le sens contraire du vent ionique principal et par conséquent, freine du mouvement du gaz.**

Enfin, en traçant les profils de vitesses, nous avons pu montrer que l'épaisseur de la couche limite est réduite si on applique la décharge pour les deux actionneurs.

CONCLUSION GENERALE

L'étude que nous avons menée s'inscrit dans la recherche de la compréhension des mécanismes d'actionneurs électro-aérodynamiques, en particulier de l'actionneur « **sliding discharge** ». Ce travail dans un premier temps, a consisté à établir expérimentalement une comparaison des propriétés électriques et mécaniques de la DBD et de la sliding, puis à expliquer le mécanisme de la sliding.

Concernant les propriétés électriques et pour une plaque en PMMA de 6 mm d'épaisseur, nous avons varié les paramètres suivants : la tension, l'épaisseur de diélectrique et la fréquence du signal. Ainsi, nous avons observé que les deux actionneurs sont sensibles à l'évolution de la tension. Une augmentation de la tension entraîne un accroissement du courant de décharge, la DBD s'allumant si la tension atteint une valeur seuil de 8 kV, alors que le pic de la sliding apparaît lorsque la tension de surface atteint la valeur 24 kV. Par ailleurs, nous constatons que l'amplitude des pics de courant de la DBD varie dans le même sens que la fréquence qui elle n'a aucune influence sur le pic de la sliding.

De plus, pour les deux actionneurs, toute diminution de l'épaisseur du diélectrique se traduit par des pics de courant de plus grande amplitude, le pic de la sliding s'allumant plus tôt.

Il est important aussi de noter que la sliding est plus stable et plus homogène que la DBD. Ceci pourrait s'expliquer par le fait que la sliding combine les avantages de la DBD et celles de la DCS. La DCS serait alors le principal atout de la stabilité et de l'homogénéité de la sliding.

A propos des propriétés mécaniques, nous avons montré que les deux actionneurs induisent un écoulement en proche paroi, les quantités de mouvement provenant de la zone située au-dessus des décharges.

L'analyse des profils de vitesses a montré que l'apport en quantité de mouvement est prépondérant au niveau de l'électrode amont (électrode supérieure AC) dans la configuration sliding par rapport à la configuration DBD. L'effet s'inverse si on s'approche de l'électrode aval (électrode supérieure DC).

En soufflerie, nous avons observé le comportement de la décharge en présence d'un écoulement. Il ressort de l'application des décharges, l'apparition des phénomènes identiques pour les deux actionneurs :

- Augmentation de la vitesse de la vitesse en proche paroi (donc réduction de l'épaisseur de la couche limite) de l'ordre de 2.5 m/s pour la DBD et de 3 m/s pour la sliding
- Aspiration de l'écoulement vers l'actionneur, surtout de côté de l'électrode amont.
- Influence de l'électrode supérieure AC en amont de l'espace inter électrode.

D'autre part, l'augmentation de la vitesse de l'écoulement (pour $U_0 <$ 30m/s) réduit l'influence des décharges sur la couche limite. L'apport est respectivement de 2.5 à 3 m/s, $\approx$ 1 m/s et $\approx$ 0.5m/s pour les vitesses extérieures de 5, 10, et 20m/s.

A la lumière des résultats de l'analyse des profils de vitesse et de la cartographie des champs de vitesses obtenus on pourrait expliquer le mécanisme de la sliding. En effet, il apparaît distinctement lors de l'alternance positive de la tension qu'au niveau de l'électrode supérieure DC, une ionisation du gaz avec injection de charges électriques, créant ainsi un vent ionique dans le sens contraire du vent ionique principal et par conséquent, freine le mouvement du gaz. De plus au niveau de l'électrode supérieure AC, les charges électriques crées sont à la fois attirées par les électrodes supérieure et inférieure DC, ce qui a pour effet d'augmenter la force d'attraction des charges et augmentant ainsi l'apport en proche paroi dans la configuration sliding par rapport à la DBD.

En somme l'étude que nous avons menée est importante et complexe. Elle nous permet de jeter les premières bases pour la compréhension du mécanisme de la sliding. Son influence et l'apport de la quantité de mouvement sur la couche limite ne sont pas négligeables. Par conséquent, le contrôle des écoulements aérodynamiques est bien possible avec cet actionneur. Toutefois, Il serait intéressant de poursuivre et d'approfondir les recherches dans le but de pouvoir mieux l'utiliser pour des applications industrielles.

BIBLIOGRAPHIE

[I] Eric Moreau «*Application des plasmas non thermiques au contrôle des écoulements*» Habilitation à Diriger les recherches, Université de Poitiers, Nov. 2004.

[2] Luc Léger «*Contrôle actif d'un écoulement d'air par un plasma froid surfacique*». Thèse de Doctorat, Université de Poitiers, Novembre 2003.

[3] Gérard Touchard «*Cours de Fiabilité Electrique*». Master GEMF, FAE, 2004/ 2005.

[4]   S. Candel «*Mécanique des Fluides*». Deuxième édition, Dunod ,1995.

[5] P. Chassaing «*Mécanique des Fluides*». CÉPADUÈS EDITIONS, coll. polytech, 2000.

[6]   Jérôme Pons, Eric Moreau, G. Touchard «*Etude de décharges à barrière diélectrique à la pression atmosphérique pour le contrôle d'écoulements aéronautiques*» 4th International Symposium on Non Thermal Plasma Technology for pollution control and sustainable Energy Development, Panama City Beach, Florida, USA, 2004.

[7]   C. Louste, E. Moreau, G. Artana, G. Touchard « *Etude de l'action d'une décharge de de surface par Mesure PIV et simulation*». Colloque annuel de la société Française d'Electrostatique, Poitiers, sept 2004.

[8] Roth J.R. Sherman D. M «*Boundary layer flow control with a one atmosphere uniform glow discharge surface plasma*». AIAA, paperN[0] 98-0328, 12-15, January 1998.

[9] Schlisting H. «*Boundary loyer Theory*». Seventh édition, McGraw-Hill, 1979.

[10] Parissi L. «*Etude d'un procédé de traitement d'air chargé en composition organique volatiles par décharges moyenne fréquence avec barrière diélectrique : mise en œuvre et recherche d'optimisation*».Thèse de Doctorat, Univ. Paris VI, 1999.

[II] Eric Moreau « *Cours Ecoulement et Phénomène Electrique*». GEMF, 2004/2005.

[12] Joshua DICKESON. «*Préionization by Sliding discharges*». http://www.weirdscience.us/Physics/Lasers/Preionization/preionization_by_sliding_di schar.htm . 2003.

[13] Michel Berhanu, Ludovic Blaise-Albospeyre, Jean- Baptiste Michel. «*Projet de synthèse sur la physique des décharges électriques dans le gaz* ». *Magistère,* ENS-Lyon., 2003.

[14] Goldman M., Sigmond R.S. «*Corona Insulation*». IEEE, Trans. Elec, INS. El. 12/2, pp 90-105.

[15] T.C Corke, E.J.Jumper M.L.P, Post, D. Orlov et T.E. McLaughlin. «*Application of ionise plasmas as Wind flow-control devices*». AIAA, paper 2002-0350, 2002.

[16] Alexandre Labergue «*Etude d'une décharge couronne sur un écoulement le long d'un biseau - Influence de l'angle de la position de la décharge et de l'angle du biseau*». Colloque annuel de la société Française d'Electrostatique, Poitiers, sept 2004

[17] CL Enloe, T.E. MacLaughlin, R.D. Van Dyken, K.D. Kachner, EJ. Jumper et T.C. Corke. «*Mechanisms and response of a single barrier plasma actuator: plasma morphology*». AIAA J., Vol. 42 pp 589-594.

[18] Pascal Ortega, «*Physique des décharges électriques*». Laboratoire JETO, Univ. Polynésie Française, 2005. http://www.upf.pf/jeto/decharge/index.htm

[19] Massines F., Rabehi. Decomps P., Gadri R.B.., Ségur P., Mayoux C, « *Expérimental and theoretical study of a glow discharge atmospheric pressure controlled by dielectric barrier»*. J. Applied Physics 83 N° 6 pp 2950 - 2957.

[20] Tsikrikas GN, Serafetinides. *«The effect of voltage puise polar it on the performance of a sliding discharge pumped HF Laser»*. National Technical University of Athens, Physics Department, March 1996.

[21] C. Louste, Guillermo Artana, E. Moreau, G. Touchard «Sliding *discharge in air at atmospheric pressure: electrical properties»*. Journal of Electrostatics 63 (2005) pp 615-620.

Discharges at atmospheric pressure for airflow control applications». Proc. 5th

[22] B. Arad, Y. Gazit, A. Ludmirsky. *«A sliding discharge device for producing glow Shockwaves»*. J. Applied Phys. 20 (1987) pp 360-367.

[23] J.Pons, E.Moreau, L. Léger, M. Forte et G.Touchard *«Study of dielectric barrier discharges at atmospheric pressure for an* Electro hydrodynamics Int. Workshop, 2004.

[24] Axel Vincent. *«Conception et simulation d'un réacteur fil- cylindre à décharge couronne avec barrière diélectrique adaptée au traitement des oxydes d'azote dans les effluents marqués par un isotope »*. Thèse de Doctorat, 2001, Université Orsay Paris.

ANNEXE 1 Etude DBD

N. B Les résultats de la DBD sont obtenus dans les conditions expérimentales décrites. C'est-à-dire sans tension continue et en absence de l'électrode supérieure DC

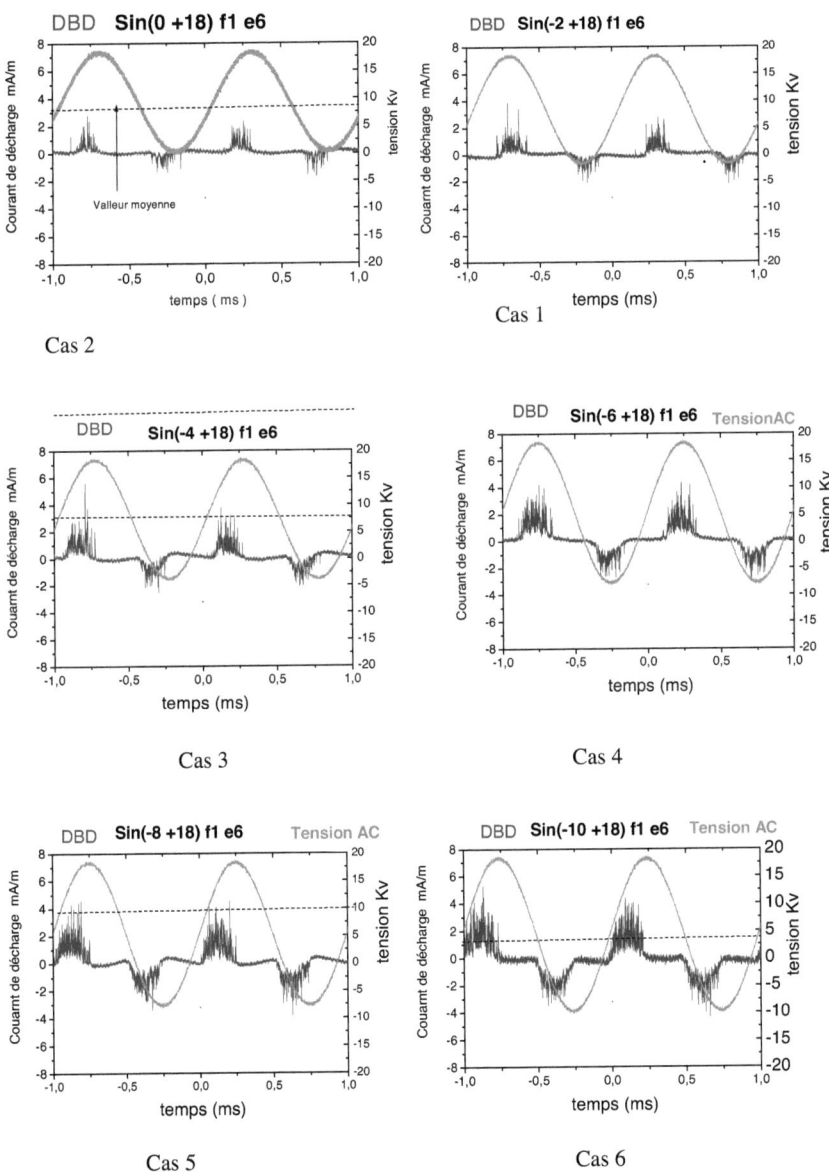

Cas 2

Cas 1

Cas 3

Cas 4

Cas 5

Cas 6

ANNEXE 1 (suite) Etude Sliding

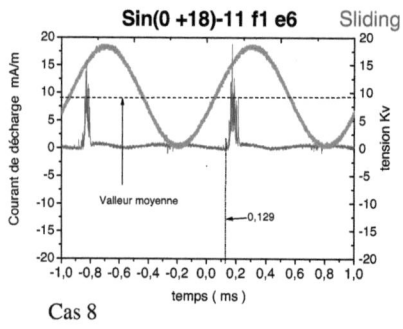

Cas 8

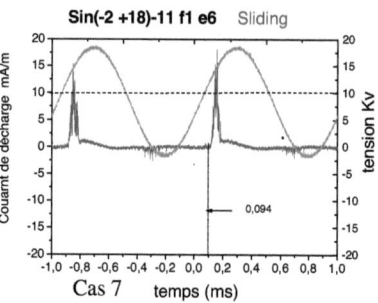

Cas 7

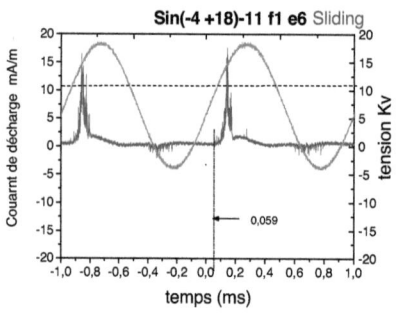

Cas 9

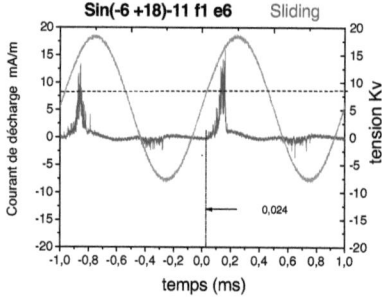

Cas 10

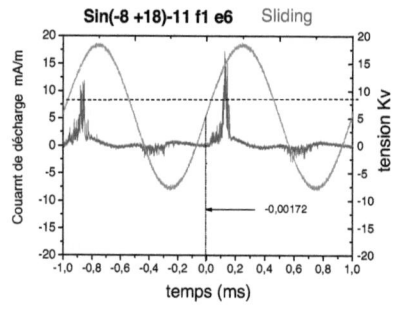

Cas 11

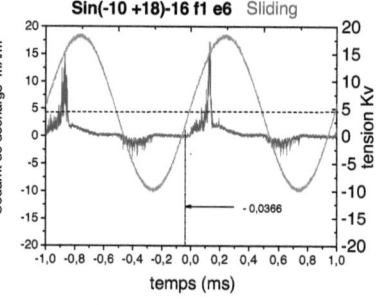

Cas 12

ANNEXE 1 (fin) COMPARAISON DBD / SLIDING (configuration Forte Sliding)

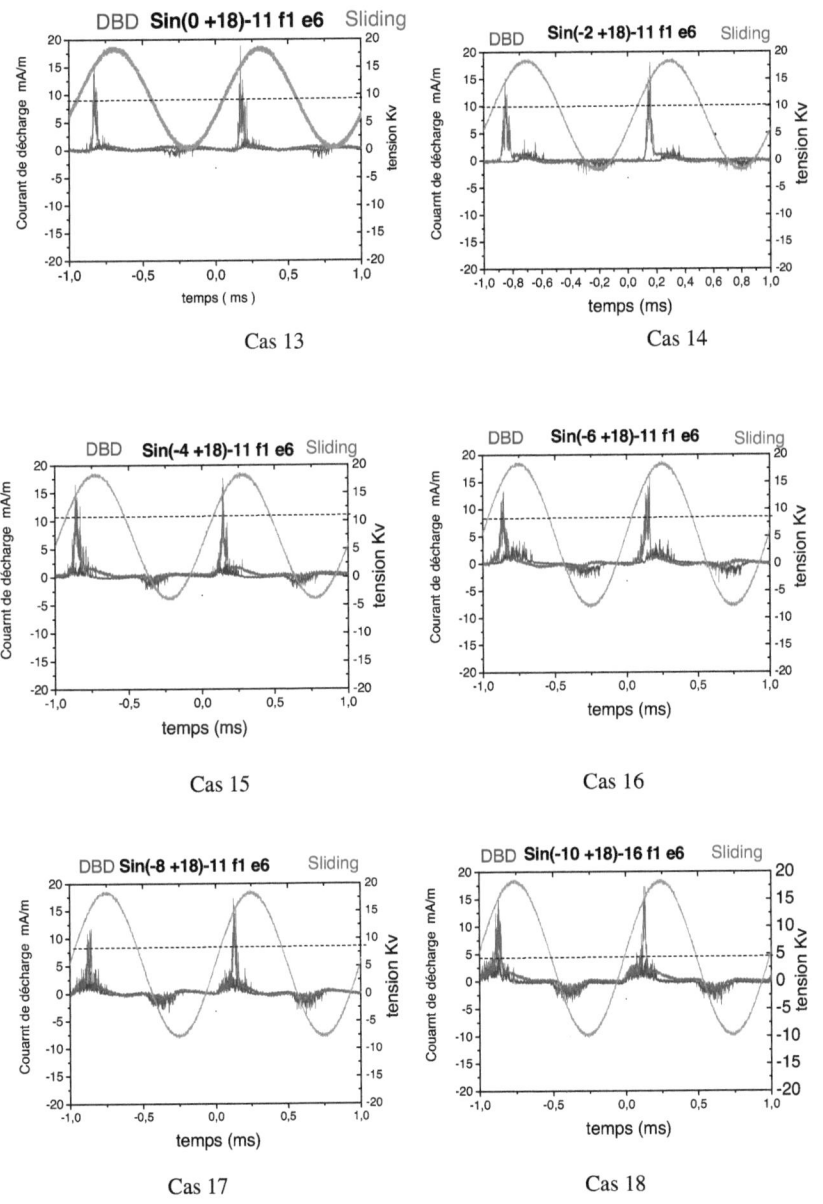

Cas 13

Cas 14

Cas 15

Cas 16

Cas 17

Cas 18

ANNEXE 2: COMPARAISON DBD / SLIDING (configuration DBD + Sliding)

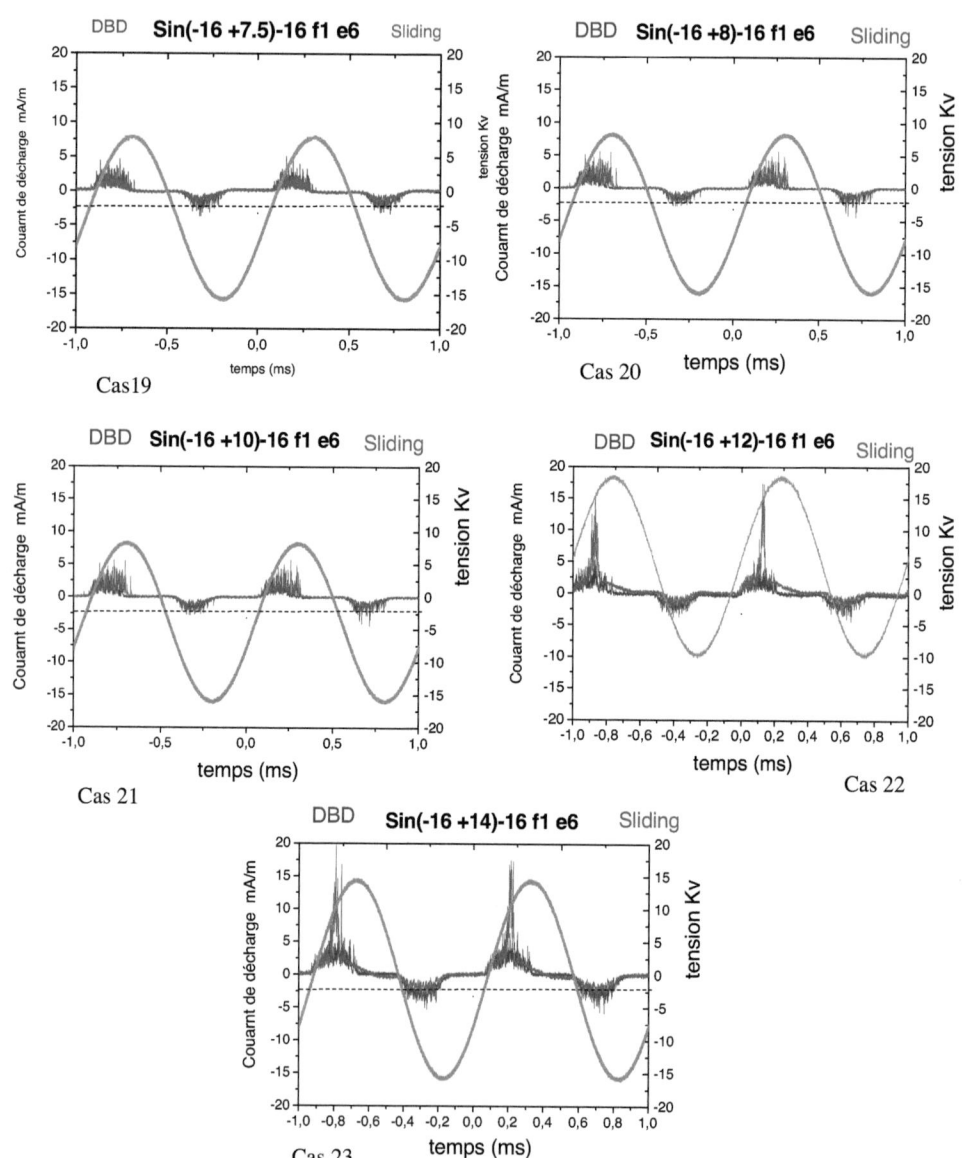

ANNEXE 3: AUTRES COMPARAISON DBD / SLIDING (Configuration DBD forte)

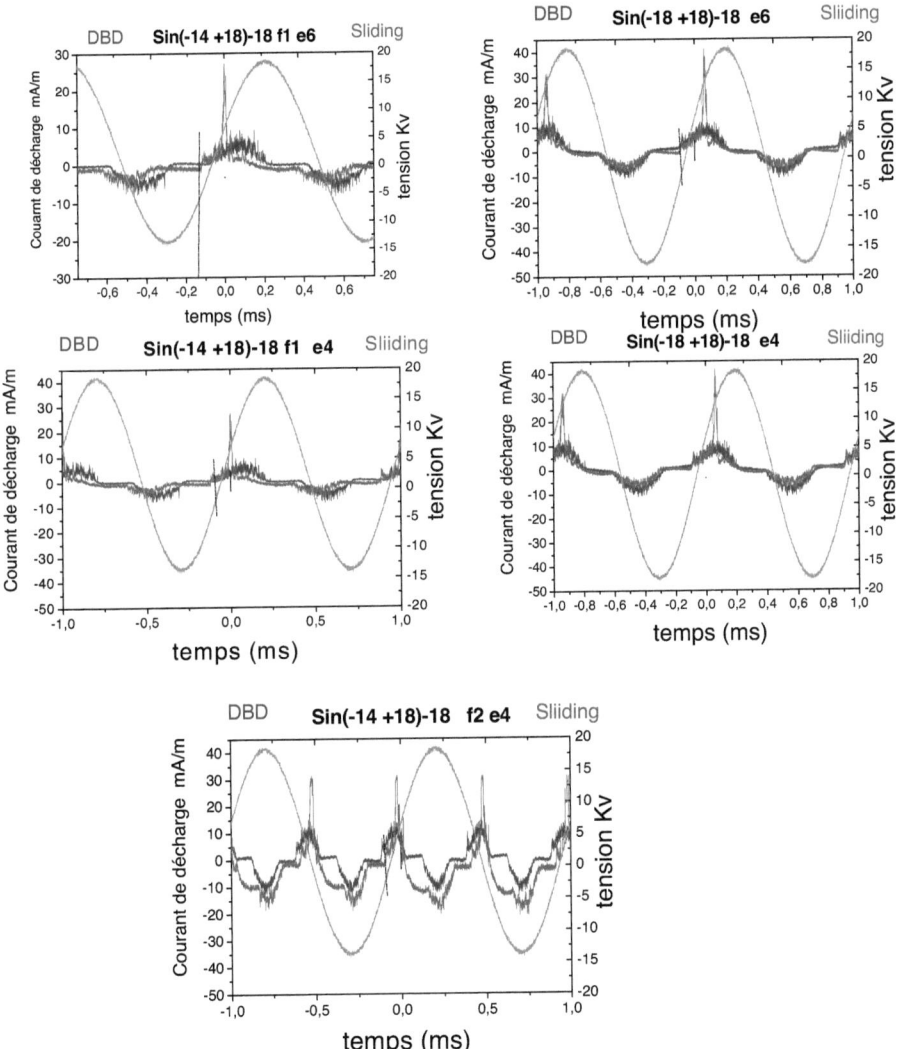

ANNEXE 4: Tableau 1 : Configuration électriques testées

N°	Configuration*	N° Plaque	Valeur moyenne du Courant (mA/ m) **	Observations
1	Sin (0 +18) -11 f 1	1	0.88	
2	Sin (-2 +18) -11 f 1	1	0.93	
3	Sin (-4 +18) -11 f 1	1	0.98	
4	Sin (-6 +18) -11 f 1	1	0.88	
5	Sin (--8 +18) -11 f 1	1	0.88	
6	Sin (-10 +18) -11 f 1	1	0.88	
7	Sin (+2 +18) -11 f 1	1	0.62	
8	**Sin (-10 +18) -16 f 1**	1	**1.44**	
9	Sin (-6 +18) -16 f 1	1	0.90	
10	Sin (-16 -4) -16 f 1	1	Pics	
11	Sin (-16 - 2) -16 f 1	1	0.6	
12	Sin (-16 0) -16 f 1	1	faible	
13	Sin (-16 + 4) -16 f 1	1	0.6	
14	Sin (-16 +7.5) -16 f 1	1	---	Limite DBD - Sliding
15	Sin (-16 +8) -16 f 1	1	0.26	
16	Sin (-16 +10) -16 f 1	1	0.62	
17	Sin (-16 +12) -16 f 1	1	0.83	
18	**Sin (-16 +14) -16 f 1**	1	**1.13**	
19	Sin (-10+18) -12 f 1	1	0.98	
20	Sin (-8+18) -12 f 1	1	1.03	
21	Sin (-6 +18) -12 f 1	1	108	
22	Sin (-4 +18) -12 f 1	1	1.08	
23	**Sin (-2 +18) -12 f 1**	1	**1.49**	
24	Sin (0 +18) -12 f 1	1	1.03	
25	Sin (+2 +18) -12 f 1	1	0.72	
26	Sin (-10 +18) -18 f 1	2	149	
27	Sin (-18 +18) -18 f 1	2	1.95	
28	Sin (-14 +18) -18 f 1	2	149	
29	**Sin (-14 +18) -18 f 2**	2	**3.24**	
30	**Sin (-18 +18) -18 f 2**	2	**3.60**	
31	Sin (-10 +18) -16 f 1	2	1.44	
32	Sin (0 +18) -11 f 1	2	0.72	
33	Sin (-2 +18) -11 f 1	2	0.67	
34	Sin (-4 +18) -11 f 1	2	0.62	
35	Sin (-6 +18) -11 f 1	2	0.67	
36	Sin (-8 +18) -11 f 1	2	0.88	
37	Sin (+2 +18) -11 f 1	2	0.67	

* **Sin (-18 +18) -11 f1** signifie qu'une **tension sinusoïdale crête à crête -18kv +18 kV** (soit 36kv entre crête) est appliquée à la borne AC et une tension continue de -11 kV est appliquée aux électrodes DC reliées entre elles. La **fréquence est de 1KHz**

** la valeur moyenne du courant est obtenue en divisant le courant mesurée par la longueur de l'électrode qui est de 195 mm

ANNEXE 5

I) Configuration électriques utilisées pour les mesures au Pitot

N°	Configurations (suite)	Plaque N°	Valeur moyenne du Courant (mA/ m)	Observations
1	Sin (-18 +18) -18 f 1	2	1.95	
2	**Sin (-18 +18) -18 f 2**	2	4.06	
3	Sin (-14 +18) -18 f 1	2	1.49	
4	**Sin (-14 +18) -18 f 2**	2	**3.24**	
5	Sin (-18 +18) 0kv f 1	2	------	
6	Sin (-18 +18) 0kv f 2		-------	

Tableau 2

II) Propriétés Mécaniques de l'actionneur Sliding

❖ Comparaison des résultats à 1 kHz pour les configurations Sin(-14 +18) -18 kV et Sin(-18, +18) -18 kV

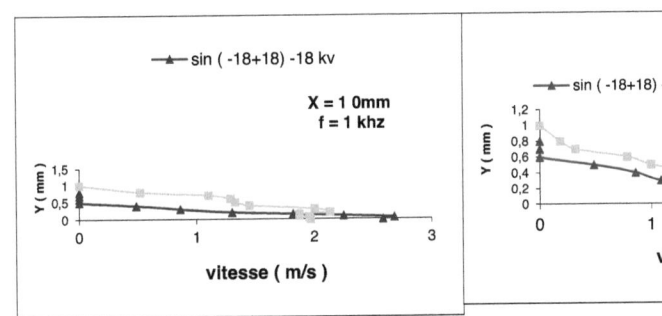
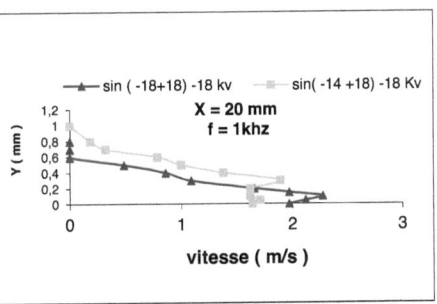

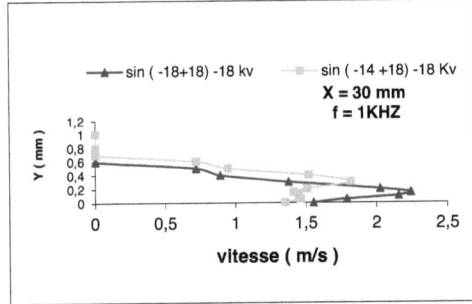

- ❖ **Comparaison des résultats pour les configurations Sin(-14 +18) -18 kV à 1 kHz et 2 kHz**

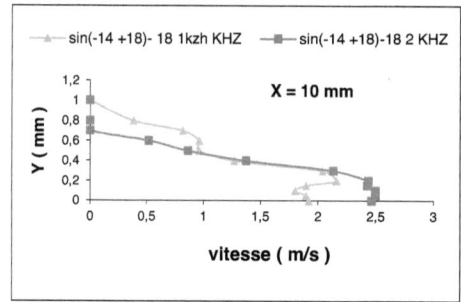

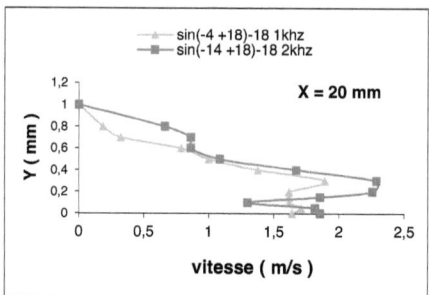

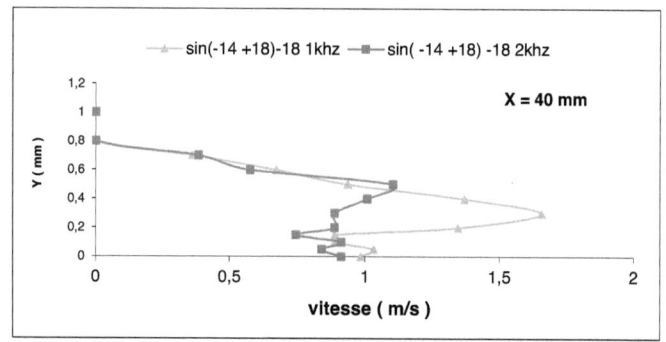

- ❖ **Comparaison des résultats pour les configurations Sin(-18 +18) -18 kV à 1 kHz et 2 kHz**

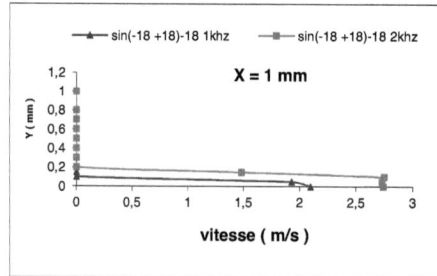

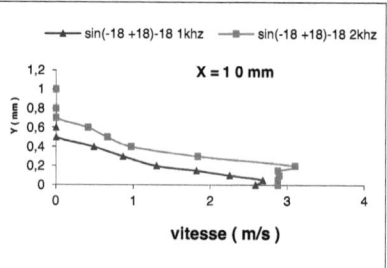

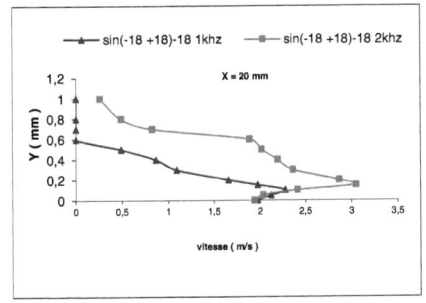
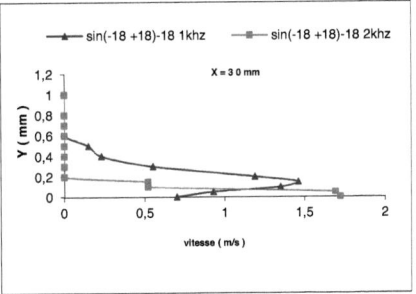
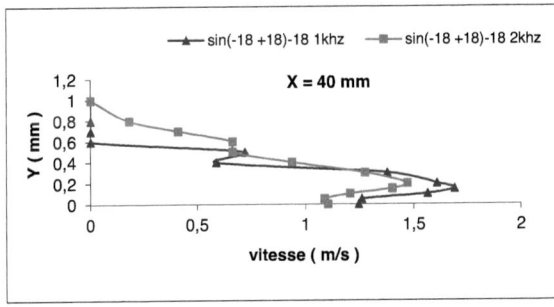

ANNEXE 6

❖ **Configurations électriques utilisées pour les mesures de P.I.V.**

N°	Configurations	Plaque N°	Valeur du Courant (mA/m)	Observations
1	Sin (0 +18) f 2 v5, v10, v20, & v30	3	---------	Config pure DBD
2	Sin (-18 +18) f 2 v5, v10, v20, & v30	3	---------	Config pure DBD
3	**Sin (-18 +18) -9** f 2 v5	3	1.79	
4	**Sin (-18 +18) -9** f 2 v10	3	1.67	
5	**Sin (-18 +18) -9** f 2 v20	3		
6	**Sin (-18 +18) -9** f 2 v30	3	2.17	
7	Sin (-18 +18) +20 f 2 v5	3	0.45	
8	Sin (-18 +18) +20 f 2 v10	3	0.45	
9	Sin (-18 +18) +20 f 2 v20	3		Passage à l'arc
10	Sin (-18 +18) +19 f 2 v20	3	0.34	Remplace le **9**
11	Sin (-18 +18) +20 f 2 v30	3		Instabilité
12	Sin (-18 +18) +18 f 2 v30	3	0.39	Remplace le **11**
13	**Sin (0 +18) -11 f 2** f 2 v5	3	2.23	
14	**Sin (0 +18) -11 f 2** f 2 v10	3	1.95	
15	**Sin (0 +18) -11 f 2** f 2 v20	3	2.28	
16	**Sin (0 +18) -11 f 2** f 2 v30	3	2.78	

Tableau 3

- ❖ **Quelques profils de vitesse :**
  - ➢ **Comparaison DBD/ SLIDING (configurations Sin (0 +18) et Sin(0, +18) -11 kV**

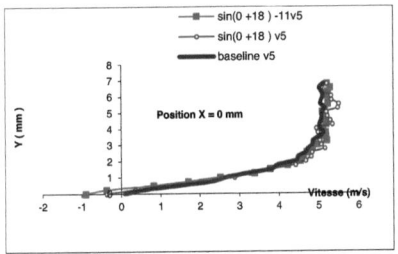
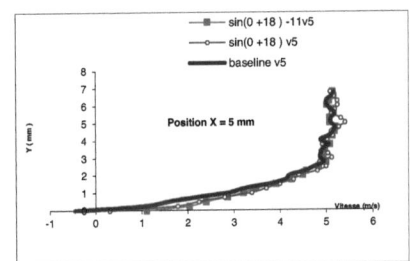
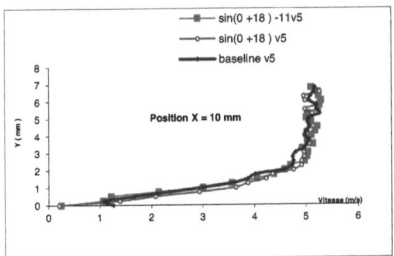
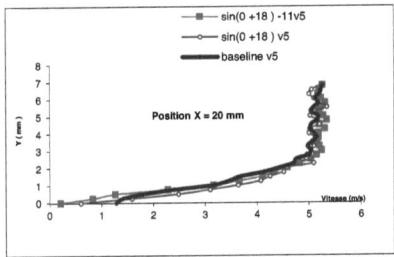
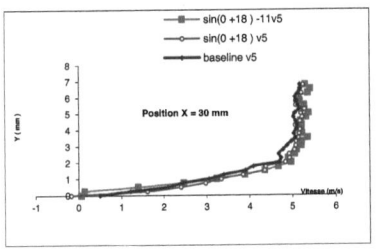
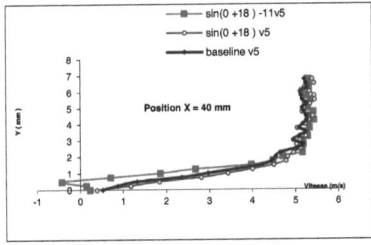

➢ Comparaison DBD/ SLIDING (configurations Sin(-18 +18) Sin(-18, +18) +20 kV et Sin(-18, +18) -9 kV

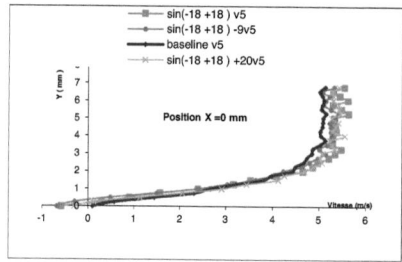
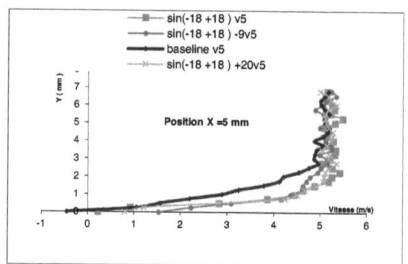
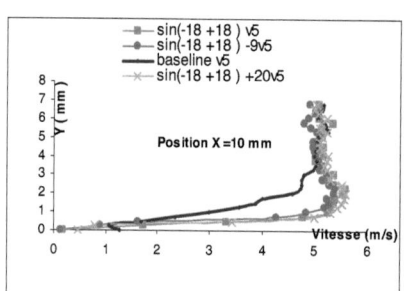
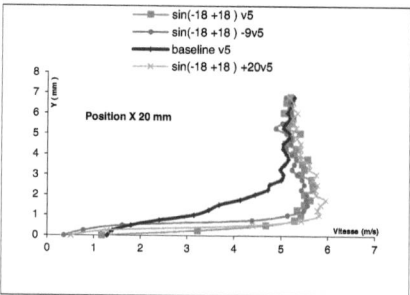
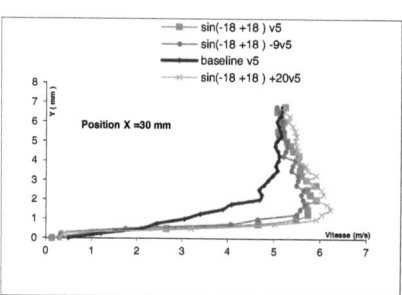
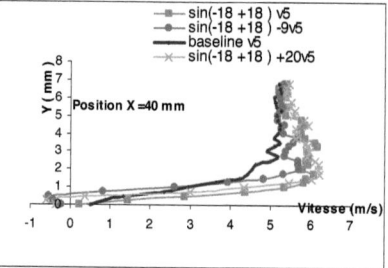

- ❖ **Quelques Cartographies de champ de vitesse :**
  - ➢ **Comparaison DBD/ SLIDING (configurations Sin(-18 +18), Sin(-18 , +18) -9 kV et Sin(-18 , +18) +20 kV à 5m/s , 2 kHz**

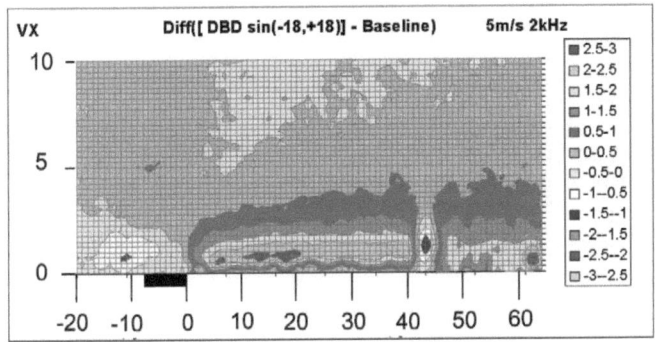

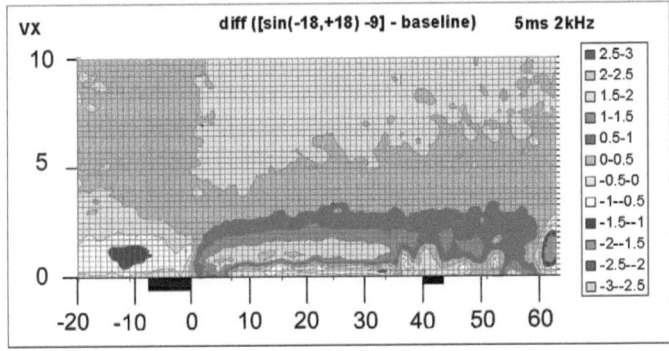

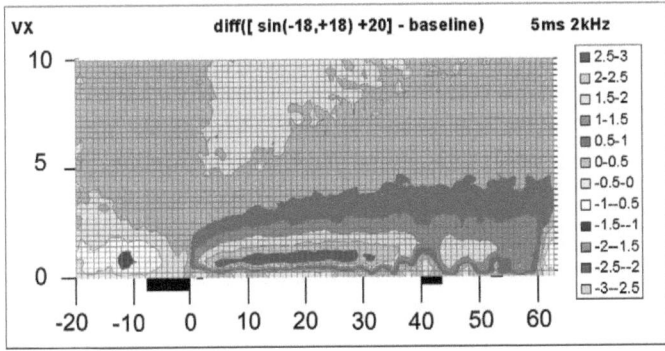

➤ **Comparaison DBD/ SLIDING (configurations Sin(0 +18), Sin(0 , +18) -11 kV et la base line à 5m/s , 2 kHz**

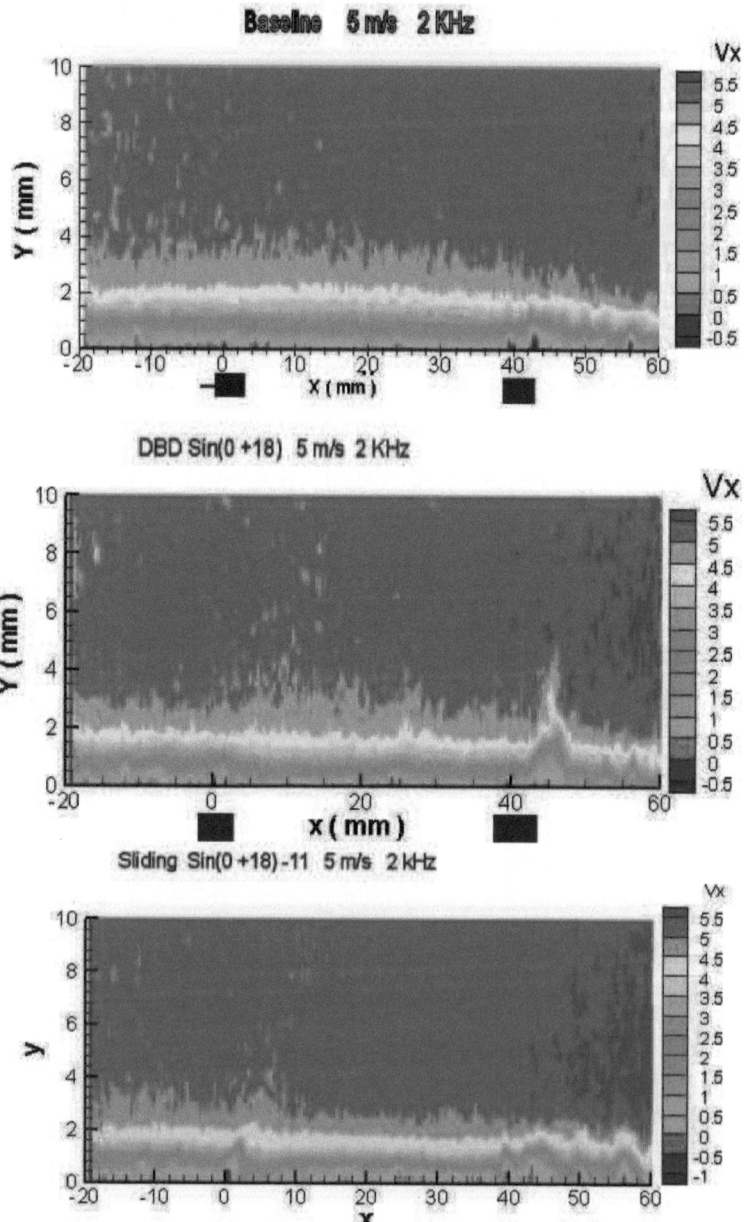

Table des matières

INTRODUCTION 9
Chapitre 1 : A LA DECOUVERTE DU MILIEU 11
1   Décharge électrique à pression atmosphérique 11
1.1   Décharge dans les gaz 11
1.2   Plasma 12
2   Les différents types de décharges 13
2.1   La décharge couronne 13
2.2   Décharge à barrière diélectrique (DBD) 15
2.3   Sliding discharge « Décharges rampantes » 19
3   Etude de la couche limite 20
3.1   Couche limite laminaire et turbulente 21
   3.1.1   Concept de la couche limite 21
   3.1.2   Grandeurs caractéristiques 22
3.2   Influence de la décharge sur la couche limite 23
4   Conclusion 25
Chapitre 2 : PROPRIETES ELECTRIQUES DES ACTIONNEURS DBD & SLIDING 27
1   Dispositif expérimental pour les mesures électriques 27
2   Protocole Expérimental 29
2.1   Actionneur Sliding 29
2.2   Actionneur DBD 30
2.3   Bilan expérimental 30
3   Observations expérimentales, Résultats et discussions 31
3.1   Actionneur DBD 31
   3.1.1   Conditions d'allumage 34
   3.1.2   Influence de la variation de la tension 34
   3.1.3   Influence de l'épaisseur du diélectrique...35
   3.1.4   Influence de la fréquence 36
3.2   Sliding discharges ou décharge rampante. 37
   3.2.1   Conditions d'allumage 40
   3.2.2   Influence de la variation de la tension 40
   3.2.3   Influence de l'épaisseur du diélectrique et de la fréquence du signal 42
4   Conclusion 44
Chapitre 3 : PROPRIETES MECANIQUES DES ACTIONNEURDBD & SLIDING : MESURES AU TUBE DE PITOT 47

1	Actionneurs DBD et Sliding	47
1.1	Configurations expérimentales et mesure de vitesse du vent ionique	47
2	Observations, Résultats et Discussions	50
2.1	Actionneur DBD Classique	50
2.2	Actionneur DBD 3 électrodes	53
2.2.1	Comparaison DBD Classique et DBD 3 électrodes à 2 KHz	55
2.2.2	Comparaison DBD Classique et DBD 3 électrodes à 1 KHz	56
2.3	Actionneur Sliding	56
2.3.1	Comparaison DBD et Sliding	58
2.3.2	Mécanisme de la Sliding	58
3	Conclusion	61

Chapitre 4 : INFLUENCE DES DESCHARGES SUR UNE COUCHE LIMITE : MESURES AU P.I.V. 63

1	Dispositifs et protocoles expérimentaux	64
1.1	Description de la soufflerie	64
1.2	Dispositif électrique	65
1.3	Actionneurs	65
1.4	Mesure de Vitesse par Vélocimétrie par Imagerie de Particules (PIV)	66
2	Observations, Résultats et discussions	67
2.1	Ecoulement sans décharge	68
2.2	Ecoulement avec décharges	69
2.2.1	Actionneur DBD	69
2.2.2	Actionneur sliding	73
2.3	Effet de l'augmentation des vitesses U_0	79
3	Conclusion	79

CONCLUSION GENERALE	81
BIBLIOGRAPHIE	84
ANNEXE 1 Etude DBD	87
ANNEXE 1 (fin) COMPARAISON DBD / SLIDING (configuration Forte Sliding)	89
ANNEXE 2: COMPARAISON DBD / SLIDING (configuration DBD + Sliding)	90
ANNEXE 3: AUTRES COMPARAISON DBD / SLIDING (Configuration DBD forte)	91
ANNEXE 4: Tableau 1 : Configuration électriques testées	92
ANNEXE 5	93
ANNEXE 6	96
Table des matières	101

I want morebooks!

Buy your books fast and straightforward online - at one of the world's fastest growing online book stores! Environmentally sound due to Print-on-Demand technologies.

Buy your books online at
www.get-morebooks.com

Achetez vos livres en ligne, vite et bien, sur l'une des librairies en ligne les plus performantes au monde!
En protégeant nos ressources et notre environnement grâce à l'impression à la demande.

La librairie en ligne pour acheter plus vite
www.morebooks.fr

OmniScriptum Marketing DEU GmbH
Heinrich-Böcking-Str. 6-8
D - 66121 Saarbrücken
Telefax: +49 681 93 81 567-9

info@omniscriptum.com
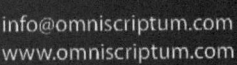

Printed by Books on Demand GmbH, Norderstedt / Germany